ご長寿猫の気ままな古民家暮らしエッセイ

# 25歳のみけちゃん

あなたと生きる一日一日が愛おしい

村上しいこ

主婦の友社

# はじめまして。みけからごあいさつ

あたし、村上みけ25歳。
会う人、聞く人みんな
「すごーい！　とっても長生きさん、ご長寿ねえ！」
って驚くけど、あたしには分かんない。
だって、毎日ごはんをしっかり食べて、ゆっくり日向ぼっこして、
家の中でウォーキングして、のんびりお昼寝して過ごしてたら
25年経ってたって感じなんだもん。
あ、でもちょっと待って。
そういえばあたし、いろいろ表彰してもらったんだったわ。
たしか20歳で三重県ご長寿猫として表彰されて賞状をもらったんだけど
そのときは最高齢じゃなくて、まだ年上の子がいたの。
それでかあちゃん、賞状じゃなくて
一番ご長寿の子がもらえる盾がほしいなあ、なんて言いだしてね、

念願叶って23歳で三重県最高齢猫の勲章でもある盾をもらったのよ。
あたしがすごいはずなんだけど、かあちゃんが一番喜ぶってどうよって
話よね。
　そしてもう一つ、あたしのフォトエッセイが出るんだって。
フォト？　エッセイ？　ごはんかおやつの新商品かしらと思ったけど、
どうやら違うらしいの。
　かあちゃんが突然揺れだしたから
びっくりしてじっと見ていたら、
「みけちゃん！　すごいなあ！
かあちゃん
喜びのダンスしてしもたわ！」
だって。
　え、それダンスだったの……。

# 目次

# 2章　あたしの思い出

## 3章　最近のあたし

母 マークは「かあちゃんのひとり言」

# 村上ファミリーご紹介

この本に登場する
あたしの家族を紹介するわ。
みんな個性的なのよね。

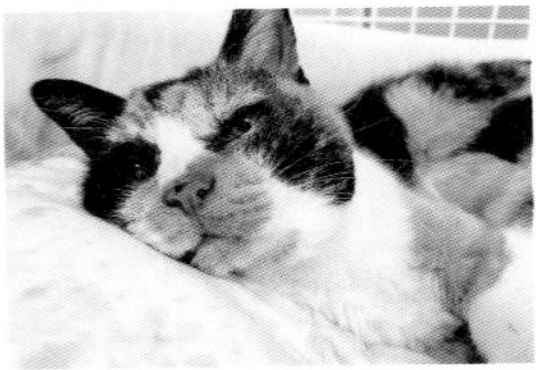

## みけちゃん

あたし。25歳。
三毛猫の女子よ。
住んでいたお家の人が引っ越して
置いていかれちゃったらしいの。
(かあちゃんの推測だって)
住み心地よさそうな家を探して、
かあちゃんの家にやってきたわ。
今は、築160年くらいの古民家って
とこで、かあちゃん、とうちゃん、
弟2人と暮らしているの。

毎日よく食べてよく寝て、
お散歩して日向ぼっこしてたら、
いつの間にか本になっていたわ。

**みけちゃんのデータ**

三毛猫・女子・25歳
(2024年4月時点)

**誕生日**
1998年11月1日生まれ（推定）

**好きなもの**
焼き海苔、日向ぼっこ、お散歩

**嫌いなもの**
高い音（てんかん発作を誘発する）

**性格**
しっかり者。懐が深く、初対面の人や
初見の物事にあまり動じないタイプ。

弟その1。13歳だったかな。
アメショー（ってかあちゃんが言ってた）。
1回目のお引っ越しのすぐあとに、
かあちゃんが保護した子よ。
ちっちゃい頃はとっても暴れん坊で、
あたしびっくりしたわ。
今はだいぶ落ち着いて、物静かな弟よ。

**ピースのデータ**

アメリカンショートヘア・男子・13歳

**誕生日**
2011年3月4日（推定）

**好きなもの**
一人の時間、離れの縁側から見る庭、紙を丸めたボール

**嫌いなもの**
知らない人

**性格**
神経質。シャイで人見知り。でも家族だけだと甘えた顔も見せる。

## ピース

弟その2。11歳だと思う。
サバ白（白サバ）。
かあちゃんが「猫もらってください」の
告知を見て譲り受けた子なんだって。
（いろいろあったらしいけど、あたしはよく知らない）
ちっちゃい頃から体が弱くて、
よくシゲ先生のとこに通ってるわね。
一番体が大きいのに、まだ甘えん坊なのよ。

## パレオ

**パレオのデータ**

雑種・男子・11歳

**誕生日**
2012年9月28日（推定）

**好きなもの**
キャットタワーのてっぺん、お庭に遊びに来る猫、追いかけっこ

**嫌いなもの**
風船

**性格**
好奇心旺盛。マイペースの甘えん坊。ちょっと飽きっぽいところもある。

あたしたちを溺愛するかあちゃんよ。
「児童文学作家」っていうらしく、
よくパソコンをカシャカシャしてるの。
あたしたちの写真を撮ったり、
手話の勉強や陶芸をしたり、
猫の編みぐるみを作ったりしてるわ。
一日中あたしたちに話しかけてくるわね。

**かあちゃんのデータ**

誕生日
1969年10月21日
好きなもの
散歩、おしゃべり、和菓子
嫌いなもの
足が多い虫
性格
心配性

## かあちゃん

**とうちゃんのデータ**

誕生日
1962年2月20日
好きなもの
古本、フォークソング、料理
嫌いなもの
じっとしてること
性格
何があっても動じない

## とうちゃん

あたしが小さい頃からお世話になってる獣医さんよ。
シゲ先生の言葉で、あたしのバースデーが決まったの。
あたしたちファーストの診療方針だから
かあちゃんがすっごく信頼して、
少しでも気になることがあると電話してるわ。

### シゲ先生から一言

みけちゃんはうちの病院が
関わった動物の中で、
一番のご長寿さんとなりました。
長生きの秘訣は、持って生まれた
丈夫な体と物怖じしない性格、
ストレスがなく過ごしやすいお家、
そしてお家の子みんなに
注がれている村上さんの
愛情のおかげだと思います。

シゲ先生

元料理人のとうちゃんは、時々とっても美味しい
煮魚を作ってくれるの。
あたしたち用だからもちろん薄味でショウガ抜きよ。
あたしたちを構いっぱなしの
かあちゃんにあきれてるけど
写真を撮るときはたくさん助けてくれるわ。

表彰式の
晴れ姿にゃわ

20歳のとき
シゲ先生が推薦してくれて
三重県獣医師会から
2019年度の
長寿猫として表彰された
賞状（写真左下）と
2022年度の
県内最高齢猫として
表彰された盾（写真右下）
にゃわよ

# 1章　あたしの日常

あたしの基本情報が
分かるにゃわよ

# 毎日ごきげんの理由は、お散歩と日向ぼっこ

晴れた日はやっぱり日向ぼっこよね。
朝からお天気がいいともうそれだけで一日ごきげん。
だってあたし、猫だもん。
のんびり日向ぼっこして過ごさなきゃ、この美毛《びもう》は保てないわ。
ん？　美毛……。
あっ！　美毛と書いて〝みけ〟と読めるわね。
あたしにぴったりだと思わない？
うふふ。
あたし、超高齢とか言われるんだけど、寝てばかりじゃないの。
やっぱり適度な運動は大事だから、そうねえ、一日30分くらいは歩くかしら。
調子がいいと1時間くらい歩いちゃう。
いつもは家の中なんだけど、暖かい日や涼しい日は庭に出て散歩をするの。
かあちゃんが庭でたくさんの花を育てていてね、
春は梅、桜、それからみかんとレモンの花も咲いて、バラ、あじさいと続くから、
見頃になるとあたしを庭に連れていって写真を撮るのよ。
あたし、キャットウォークはお手のものだから！
「みけちゃーん！　こっち向いて～」
「みけちゃーん！　歩いて～」
「みけちゃーん！」
モデルって大変！

# あたしの健康ルーティン

あたしの一日はだいたい決まっていて、まず朝ごはんを食べるでしょう。
それから、おむつを取ってホット手ぬぐいでおしりを拭いてもらって、ブラッシング。
ホット手ぬぐいが気持ちよくって心がふわわ～んとしちゃうの。
これ、おすすめ！
仕上げは自分で毛づくろい。
これでカンペキね。
あとはその日のお天気と気分で決めることが多いかしら。

あたしの家、結構広くてウォーキングにはぴったりなの。
日当たりもよくて美毛にはかかせないビタミンがたっぷりとれるわ！

あたしとピース、パレオが並んで日向ぼっこをしていると、
かあちゃん嬉しそうに写真をたくさん撮るからパソコンもスマホもそれはもう……。
　仕事してても掃除しててもごはん食べてても放り出して、
写真を撮りに来るかあちゃんってどうよ？

ホット
手ぬぐいは
最高にゃわ

# 長生きの秘訣？　あたしにはよく分からないにゃわ

SNSのコメントでよく、長生きの秘訣はなんですか？って質問があるんだって。

あたしにはよく分からないけど、

よく食べる
よく寝る
日向ぼっこをする
散歩をする
遊ぶ
ウォーキングをする
甘える
おしゃべりをする

これにつきるわね。

あたし、おしゃべりさんだねえって言われるんだけど、それはきっとかあちゃんに似たんだと思う。

かあちゃんはあたしとおでこをひっつけて「通信、通信」って言いながら話をするの。

その日のことだったり、かあちゃんのお願いごとを聞いたり、あとは女子トークね。

村上家に女子は、あたしとかあちゃんだけだから。

これってあたしとかあちゃんだけ？

どこの家でもするのかしら。

# あたし歯が全部あるからカリカリもOK!

あたし、25歳だけど歯が全部あるの。
だからカリカリごはんだってまったく問題なし。
カリカリポリポリいい音させて食べるのよ。

かあちゃんは高齢猫用のごはんしかダメと思い込んでいたけど、
あたしがずーっとお世話になっている動物病院のシゲ先生に
「ここまで元気でいてくれてるんだから
年齢にこだわらず美味しいもの、好きなもの食べさせてあげて。
カロリーを気にするより体力をつける方が大事だから」って、
嬉しいお墨つきをもらったから、かあちゃんあれこれ買って、
「みけちゃん、これ好き?」
「こんなんも買ってきたよ」
「これはどう?」
とか言いながらごはんとおやつを何種類もストックしてるの。

私たちの非常食より我が子たちのごはんの方が充実してるなあ、なんて笑ってるのよ。
あたしたちの幸せ=かあちゃんの幸せってことね。

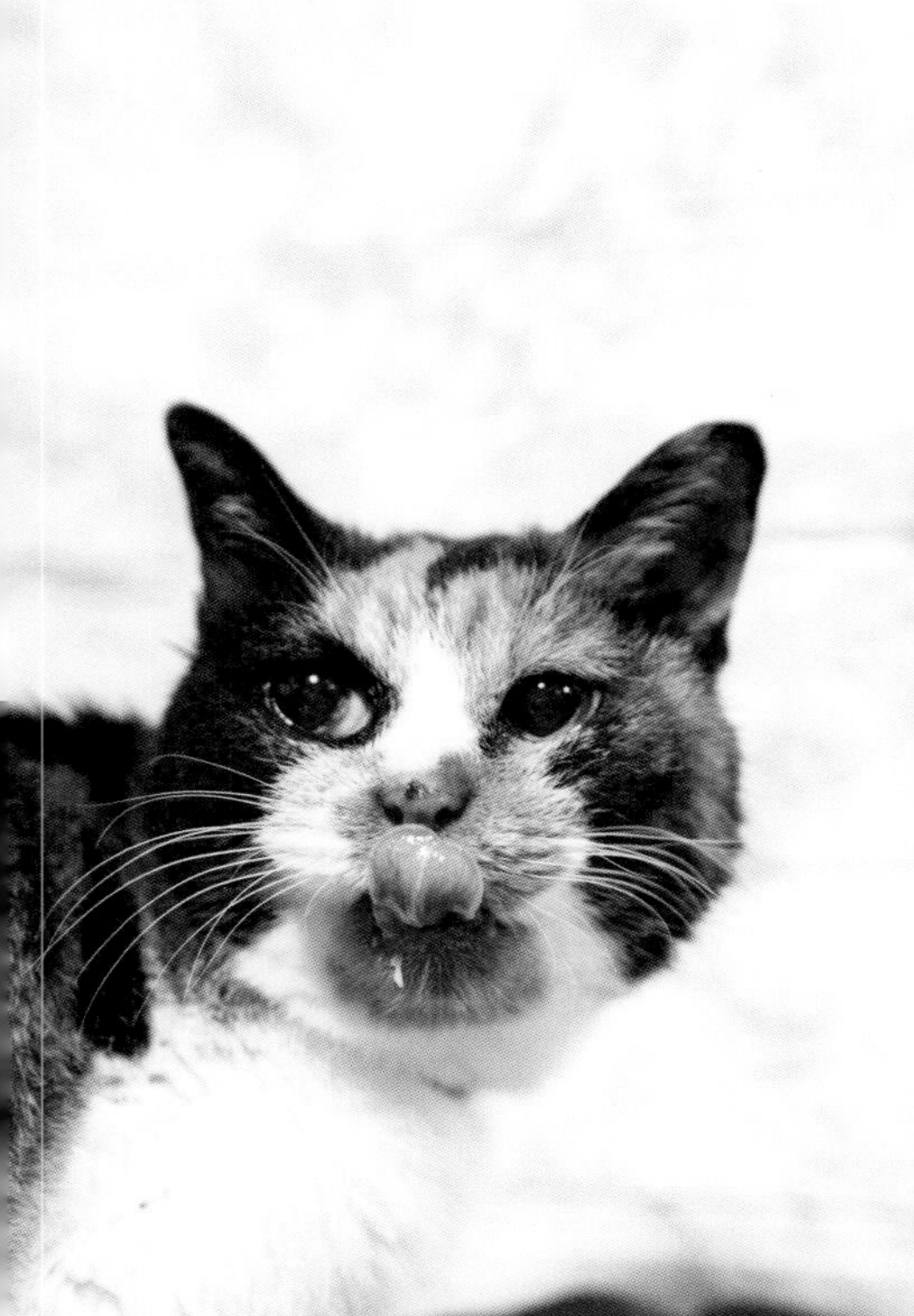
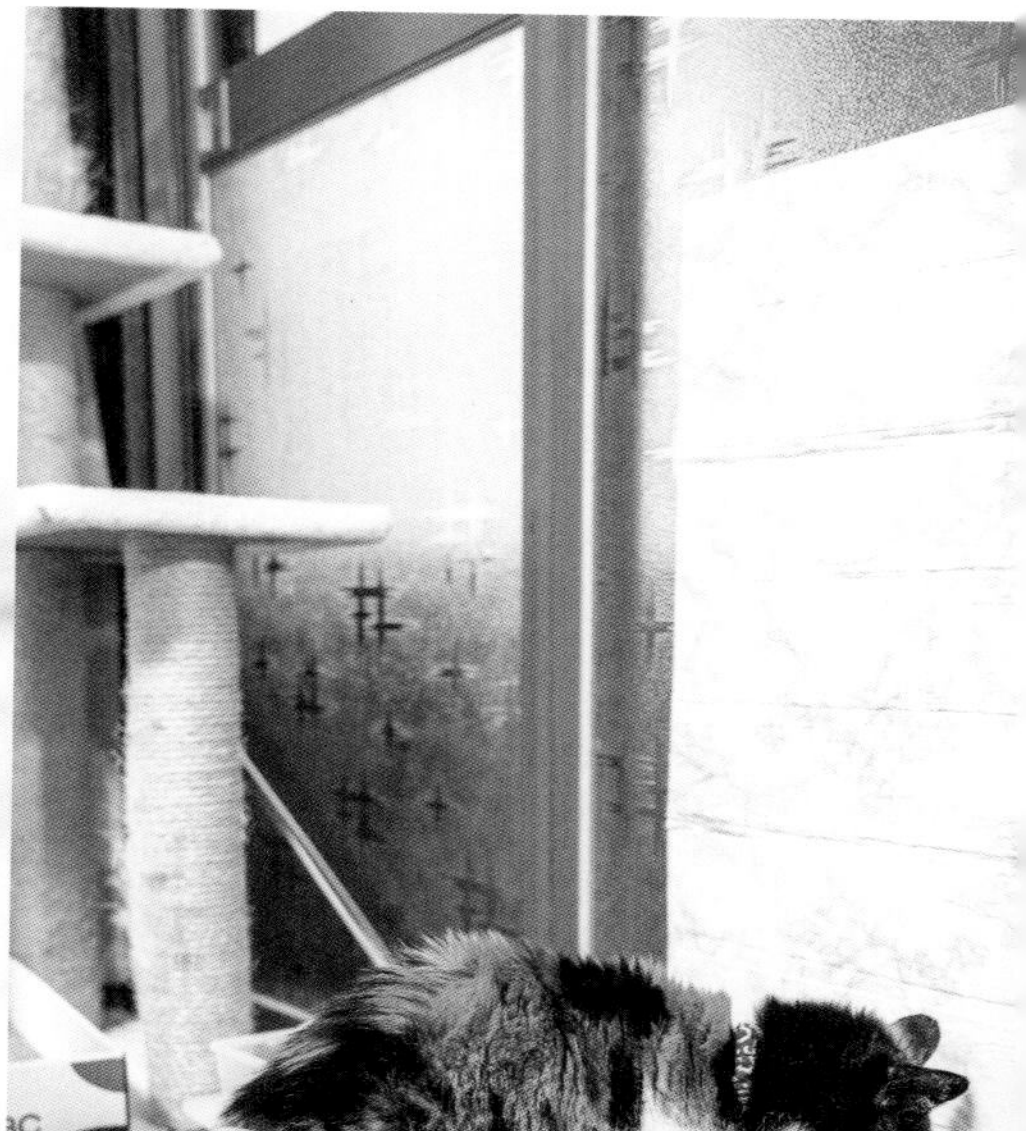

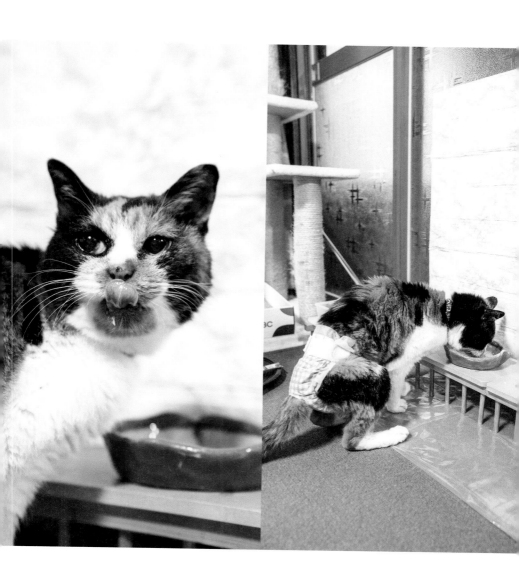

# 食事は毎日決まった時間に。おむつ替えの時間もね

食事時間はわりときっちり決まっているの。
朝は7時半～8時。
昼は11時半～12時。
夜は18時～18時半。

きっちり決まってるから、寝ていてもごはんの時間になるとちゃんと目が覚めるの。
あたしの腹時計ってすごいでしょう。
その点、ピースとパレオは全然ダメ。
頼りないっていうか、あたし任せだから困っちゃう。
おねえちゃんに任せておけば大丈夫だと思ってるみたいなんだもん。

お昼はごはんのあとにおやつも食べるんだけど、これは姉弟揃って一緒。
だけどね、あたしは一度にたくさん食べられないから少しずつ何回も食べるの。
おねえちゃんの特権ってやつよね。
朝、昼、夕方、夜、それから夜中に3～4回おむつ交換するときにも食べてるのよ。
え、そんなにおむつを交換するのって？
ふふふ。
だってあたし、きれい好き。
1回でも出ちゃったらイヤだもん。
だから、すぐにかあちゃん起こしちゃう。

おむつはマナーウェアの
SS サイズを使ってるにゃわ

# あたしの健康診断――普通に健康なのが奇跡らしいわ

あたしね、今は体重が2.1キロなんだけど、若い頃はＭＡＸ5キロあったのよ！
びっくりでしょう。
あの頃はかあちゃんも焼き肉屋さんへ働きに出てたから、
夕方まであたし一人で留守番だったの。
ごはん大盛りで出してあったし、一人じゃつまんなくてほとんど寝てたし、
痩せ細っていたあたしも、あっという間に5キロよ、5キロ。
さすがに痩せようねってシゲ先生に言われちゃったわ。

18歳のときだったかなあ、てんかん発作を起こしちゃって、
とうちゃんとかあちゃんすっごく焦ったんだって。

そりゃそうよね、それまで大きな病気をせずにきたんだもん。

23歳のときには腎臓の機能が弱くなってきて、トイレが間に合わないようになってきたからおむつをするようになったわ。

だけどあたしのすごいところは、初めてのおむつもイヤがらずつけられたことね。

あとはね、24歳のとき、歯茎の中に膿が溜まっちゃうようになったの。

3回くらい繰り返しちゃったけど、それでも歯はちゃんとあるのよ。

普通は繰り返していたら歯がグラついちゃったり抜けたりするんだって。

あ！　かあちゃんも昔、歯茎に膿が溜まって手術したって言ってたわ。

でもあたしと大きく違うところがあるの。

それはね、かあちゃんその手術で歯を2本抜いたんだって。やっぱりあたしってすごいわね。

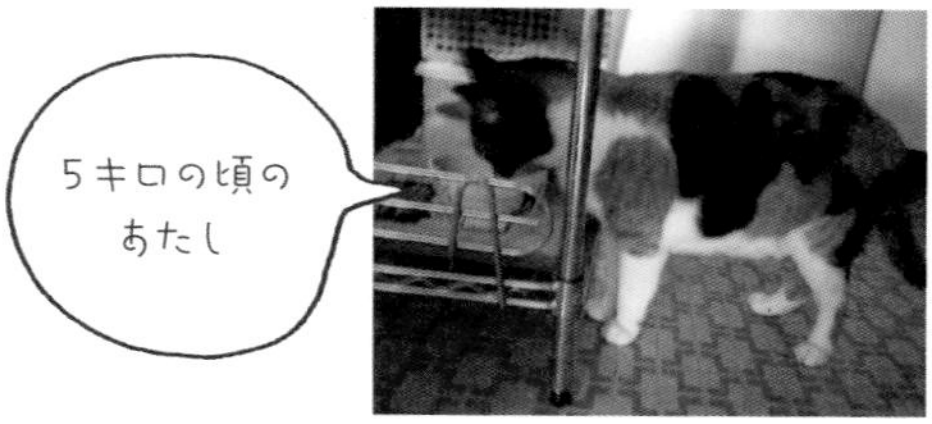

かあちゃんね、あたしのフォトエッセイが出ること、シゲ先生に早速報告したのよ。

まあそれはいいんだけど、あたしが大病や大ケガを克服したとか感動エピソードあったかなあって聞いたんだって。

大病はないし、ケガ……ケガ……。

あるわ、あったわよ！

大ケガじゃないけど、そういえばあたし、かあちゃんの家に住むと決めたとき、犬に噛まれてケガをしていたんだったわ。


ケガは化膿していたけど、骨は折れてなくて神経も傷ついてなかったから飲み薬だけで、わりと早く治ったのよ。

あたしって運がいいわね！


かあちゃんったら猫との暮らしも初めてだったのにいきなり薬を飲ませることになったー！なんて、ものすごーーく焦ってたけど、なんでも経験よね。

今じゃとっても上手なのよ。

ん？　でもちょっと待って。

かあちゃんが上手なんじゃなくて、あたしが上手に飲めるのよね。

そうだと思わない？

## みけちゃんお食事レポート

SNSでごはんに関する質問が多かったので、ここで紹介します。
市販のもの以外、特別なものは出していません。
2024年4月現在
みけちゃんのごはんは次の通り。■はカリカリ、●はウェットフードです。

【朝】
エナジーちゅ～る　（歯と腎臓の薬を飲むため）
カルカンパウチ　18歳から●

【昼】
モンプチ缶　11歳以上用●　（弟たちとシェア）
健康缶　20歳からのとろとろまぐろペースト●
銀のスプーン三ツ星グルメ　（20歳を過ぎてもすこやかに）■
カルカンパウチ　18歳から●
お昼はローテーションで、その日の体調や、食べた朝ごはんの量で変えている。

【夜】
エナジーちゅ～る　（発作の薬を飲むためだけど、薬がない日も食前に食べる）
カルカンパウチ　18歳から●

【夜食】
銀のスプーン三ツ星グルメ　（20歳を過ぎてもすこやかに）■
クランキーちゅ～る和え■

【おやつ】

ちゅ～る

時々モンプチ クリスピーキッス■

エナジーちゅ～るはお薬を飲むときだけでいいのだけど、

みけちゃんの中で、朝と夜はごはんの前にちゅ～ると決まっているようで、

ちゅ～るなしでいきなりごはんを出すと、

「え？ ちゅ～るは？」 って顔で私を見る。

さすがやな、みけちゃん！

――美味しいごはんは

あたしの生きがい！―― みけ

 ※商品名は2024年4月現在のものです。

# あたし好みのおもちゃにゃわわ

あたし、25歳になった今でこそ、ゆっくりのんびり過ごしているけど、
一人っ子だった若い頃は、ピースやパレオより活発だったのよ。

よく遊んでいたおもちゃはパスタだったかしら。

湯がく前のパスタが好きで、かあちゃんが棚から出すとおねだりして1本もらってたの。

転がしたりくわえて飛ばしたり、
かあちゃんに投げてもらって追いかけたりしてよく遊んだわ。

「食べ物を粗末にしちゃダメ！」って怒らないでね。


猫じゃらしといわれるエノコログサも大好きなおもちゃね。

あたし、本物志向なんだわ、きっと！

またたびももちろん好き、大好き！

あたしが喜ぶからって庭つきの家に引っ越したとき、
かあちゃんがまたたびの苗を買ってきて庭に植えたんだけど、
あたしたちが遊ぶ前に地域猫が遊んでボロボロにしちゃったのよ。
そりゃそうよね、またたびが好きなのはあたしだけじゃなくて、猫は大体好きなんじゃないかしら。

ひょいっ

# かあちゃんの話ーあたしたちが好きすぎる

「みけちゃん、おはよう」

　かあちゃんは毎朝必ず言うの。

「みけちゃん、起きたあ？」

（起きたよ）

　朝はいいんだけど、それから、ずーっと、

「みけちゃん、ごはんよー」

（はーい）

「みけちゃん、どこ行くのー」

（お昼寝よ）

「みけちゃん、お散歩？」

（そうよ）

「みけちゃん、日向ぼっこ？」

（もちろん）

「みけちゃん、ねんねする？」

（あとでね）

「みけちゃん、なにしとんの？」

（考えごとよ）

「みけちゃん、おむつ替えよっか」

（どうぞ）

「みけちゃん……」

かあちゃんは一日中あたしやピース、パレオに声をかけたり呼んだりしてる気がするわ。

そんなかあちゃんのことを、とうちゃんがあきれた顔して見てること、あたしは知っている。

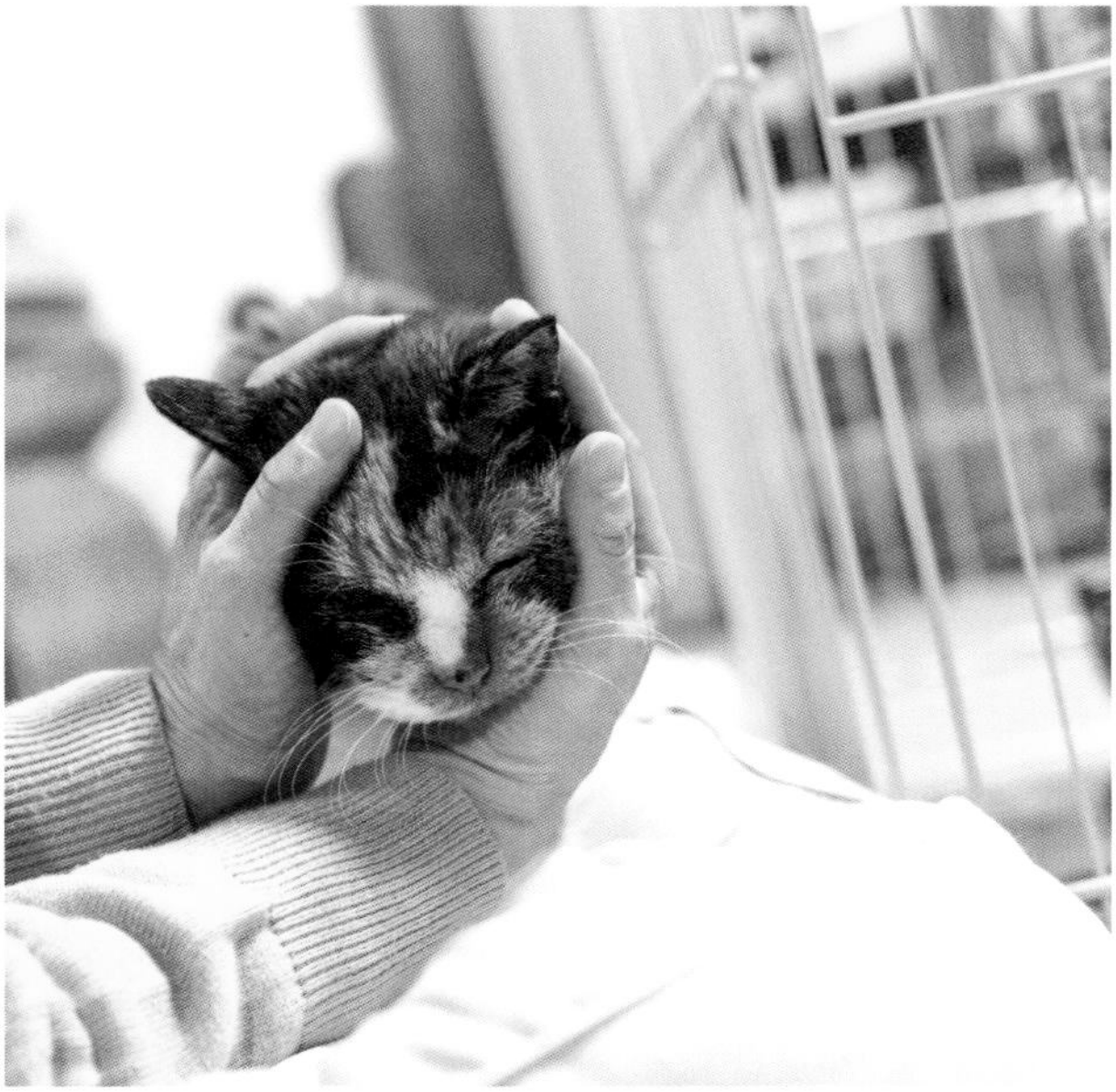

# みけちゃんが女優になる日

みけちゃんは女優だと思うことがよくある。
私や夫がちょっと、ほんのちょっと、ふわっと踏んだ
（いや、そもそも踏んだうちに入ってない）だけで、
いったーい！
今、踏んだ。あたしの足、踏んだよね！
骨折れたと思う！　いや、折れたわ。
すごく痛ーい！
あたし、かわいそう！
そして別の日には、
えっ！　今あたしのこと、たたいた？
たたいたよね？
ひっどーい！　モデルなのに！
痛い痛いいたーい！
あたし、かわいそう！
と、すごい目で訴える。
いやいやいや、ちょっと当たっただけやん。
みけちゃんが急にUターンしたから少し踏んでしまっただけやん。
それに今のは踏んだうちに入らへんし、たたいたうちに入らへんと思うで。
そんなみけちゃん、痛がりかというとそうではない。
自分で足を踏み外したりぶつけてしまったりしたときは、

「ぶつけてないし、踏み外してもないわ。あたしがそんなことするはずないじゃない」なんて、スンとすまし顔。

でも、かあちゃん知ってるで。

ベランダに出ようとして閉まってるガラス戸にぶつかったとき、ガラスに鼻の跡がついて
ショックのあまり凹んでたこと。

踏み外したとき、ちらっとかあちゃんを見てることも。

これだけいろいろできるんやもん。

やっぱりみけちゃん、女優いけると思うで。

――かあちゃんがそう言うなら
きっと女優もできるはずよね！
いつだってオファー待ってるわ。
目指せ、モデルと女優ができる
猫ナンバーワン！――みけ

# みけちゃん短歌　その一

詠み人　村上しいこ

みけちゃんは地球時間を生きている邪魔しないでとひげツンとたて

スカートにしっぽをはさむ帰り道みけねこをよぶ練習をする

三毛猫はわたしときっと違うから雨の匂いに泣いたりしない

ふるさとはどこかときかれみけちゃんをだいてわたしがふるさとになる

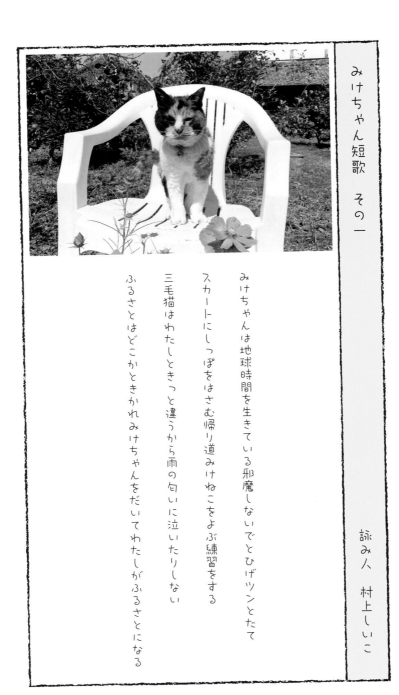

# 2章 あたしの思い出

# かあちゃんとの出会い―あたしがかあちゃんを選んだの

あたしとかあちゃんの出会いはものすごく感動的……だったらきっとみんな興味を持つわよね。
でもじつはとってもシンプル。
あたしがかあちゃんを選んだの。

あの頃かあちゃんはアパートに住んでいてね、
あたしは駐車場とか自転車置き場の隅にいたのよ。
この場所に来る前はパパとママ、それから小学生の女の子と一緒に暮らしてたんだけど、
新しい家を建てて遠くへ引っ越すからって、あたし置いていかれちゃったの。
そりゃあ最初はさみしかったわ。でもいなくなっちゃったんだもん、どうしようもないでしょう。
でも初めての気ままな外暮らしもあちこち探検なんかしちゃって楽しかったわ。
ところがある日、いつものように気ままに歩いてたら
友達になれそうな大きな犬が庭先にいたから声をかけたの。
そしたらいきなり腰あたりを噛まれちゃったもんだから探検どころではなくなってね、
痛いしおなかも空くしだんだんさみしさが増してきちゃって、誰か助けてと思いたどり着いたのが、
かあちゃんが住んでたアパートだったの。

アパートにはたくさんの人が出入りするでしょう。
あたし、どの家の子になろうかいつも観察していて、
一番よく目が合ったのがかあちゃんだったわけ。
でもね、「かわいいなあ」って言うだけで家にまで連れていってくれなかったのよ。

だからあたし、自分で行ったの。6階までね。

もちろんエレベーターなんて使わないわ。階段を上ったのよ。

だってエレベーターのボタンは猫仕様じゃなかったんだもん。

手も足も、それから尻尾も届かなかったわ。

毎日かあちゃんを見ていたからどの部屋か知ってたし、
少し開いていた玄関から入ってソファで寛いでいたら、気づいたかあちゃんびっくりしてた。

ソファは寛ぐものよ。

何か問題でも？


え、それで傷がどうなったかって？　その話はまた次ね。

# みけちゃんがうちの子になった日の話

みけちゃんはあの日、「ただいま」と当たり前のように10センチほど開けていた玄関から入ってきた。
当時私はアパートの6階に住んでいて、
少し前からアパートの駐車場に猫がいることに気がついていた。
もちろんかわいいとは思ったけど、うちの子にしたいなんてこれっぽっちも思わなくて
(どちらかというと犬派だった)。
だけどずっと駐車場にいたから通るたび目が合っていたし気になっていた。
今思えば、みけちゃんはアパートに出入りしている人たちを見ながら、

あそこはダメ、犬がいる
あの人の家はすでに猫が……
あの人は留守が多い

とか観察していたんだと思う。

でなきゃ、わざわざ6階まで上ってこないはずだから。

そんな交流(?)が続いたある日の午後、台所にいた私は〝気配〟を感じ振り向くと、猫がいた！

間違いなくいつも駐車場にいた猫。


え!? なんで? ここ6階やで?

どやって来たん?

なんで入ってきたん?

なんでおるん？

何しに来たん？

慌てる私をチラッと見て、ソファで寝始めた。

な、なんなんや、この猫は!?


そしてその日の夜、仕事から帰って部屋に入った夫の第一声は、

「え、ねこ？」

まあそうなるわな。

いつも自分が座っているソファの真ん中で、すやすや気持ちよさそうに猫が寝てるんやもん。

驚いてたけど追い出そうとはせず、そのまま受け入れ、
猫をどかしソファの真ん中……ではなく端に座ってた。

とりあえず猫のごはんを買いトイレは段ボールに猫砂を入れ、なんとかそれっぽく形にした。

ごはんを食べ、段ボールトイレを上手に使い、なんの問題もなく朝になり、夫は仕事に行き、
私もパートに出なくてはならず、さて猫ちゃんどうしよう。
当の猫は「行ってらっしゃい。留守番は任せて」とばかりに相変わらずソファで寛いでいた。
もとから、ずーっと前からそうしていたように。
おなかが空かないようにごはんとお水だけは用意して、
ベランダに出られるよう窓を10センチほど開けておいた。
(今思えばいろいろ危険だったな)

部屋は散らかすやろなと不安も感じながら、じゃあ行ってくるわと仕事に出た私。

そして夕方、鍵を開け、そぅ〜っと部屋の中に入ると……。
うあああーーーーーーーーっ!!
とはならず、
へ?
猫さん、朝と変わらずソファで寝てた。
観葉植物も、オルゴールやら何やら飾ってあったもの何ひとつ変わらずそこにあった。
ほっとしたし良かったんやけど、
あのぅ、猫さん動きましたか?

でもよく見ると、ごはんはちゃんと食べてあったし、
トイレも使った形跡があったから動いたと確認。

それから数日経ち、みけちゃんがケガをしていることに気がついた。
なんか膿みたいなものが出てるし、とりあえず人間用の消毒液をつけて様子を見ていたけど
なかなか治らずこれはあかんと思い、友達に連絡をして動物病院を教えてもらい連れていった。

そこで初めて、傷は犬に噛まれたものであること、猫は人間より痛みに強いこと、

この日から
10年後のあたし。
ずっとソファは好き

膿が溜まったら外側は治ったように見えても内側は治っていないことを教わった。
初めて迎えた猫、初めて行った動物病院。私、どうやって薬飲ませてたんやろ。
なんか初めてづくしでアタフタしてたかも。
でも気がつくと傷はすっかり治ってた。

──そこからよ、あたしがかあちゃんに猫との暮らし方と
身をもって魅力を教えてあげたの。
しなやかでモフモフでふわふわで、軽やかで優雅なキャットウォーク。
時に豪快な爪とぎ、甘えたり、ツンデレだったり、こころ揺さぶる誘惑。
ほ〜ら、ほ〜ら、あっという間にかあちゃんは猫のと・り・こ♥
犬派だったかあちゃんを猫派にするなんて
それほど時間もかからなかったわ。

このとき以来、大ケガも大病もないけど、
かあちゃんを猫派にしたって
ちょっと感動的じゃないかしら──みけ

# あたしの誕生日と名前が決まった話

あたしの誕生日は11月1日なんだけど、これはかあちゃんとシゲ先生が決めたの。
ケガしてることが分かり病院へ行ったのが11月の初め頃で、
カルテに書くから生年月日と名前が必要になったのよね。

「見たところ1歳くらいで去年の10月か11月生まれかなぁ。今11月やし、覚えやすいように11月1日にしとこか」


という理由で、あたしは1歳で、誕生日も決まり、家猫にするなら名前もつけてあげなあかん、
となり、あたしは〝猫さん〟から〝みけ〟になったの。

犬派だったかあちゃんを猫派にしたことには成功したんだけど、
もっとプリンセス風な名前をつけるように伝えるの忘れてたわ。

しいていうなら、かあちゃんはカタカナではなく平仮名にこだわっていたわね。

丸みがある方がかわいいんだって。

うふふ。やっぱりあたしにぴったりね。

ね、そう思わない？


初めて病院へ行った日、シゲ先生が言ったわ。

ああ、この子は洋猫の血が入ってるなあって。毛がふわふわしているからだって。

あたし、毛には今でも結構自信ありよ。

三毛猫だから、みけ

白猫だから、しろ
黒猫だから、くろ
ぶち猫だから、ぶち

みんな分かりやすいし、覚えやすくかわいい名前よね。
そういえばあたし、〝たま〟もかわいいと思ってたんだったわ。
たぶん、いやきっと、あたしが〝たま〟にならなかったのは、
とうちゃんの友達に〝たま〟がいるからだと思う。
やだ！　猫じゃないわよ。人間よ人間。

## みけちゃんカラスと危機一髪！

みけちゃんと暮らすようになった頃、私たちはアパートの6階に住んでいた。
ベランダの柵の上にはよくカラス、ハト、すずめが来て、
みけちゃんは時々「カカカ」とクラッキングしていた。
そういえば初めて見るクラッキングというものがかわいくて隣で眺めてたなあ。
目を細め、マズルをぷっくり膨らませて……。

ところがある日、カラスのきげんが悪かったのか、
いつものように「カカカ」と言うみけちゃんのすぐ目の前で
羽を大きくバタつかせ激しく鳴いた。
驚いたのはみけちゃん。部屋の中に逃げ込んで隠れた。

ぐおーらーっ！　カラスーっ！
私の大事なみけちゃんに、なにしてくれたんやー！
みけちゃんにしてみればクラッキングはいつものこと。
いつものようにしてただけなのに、
カラスは「しつこい」とでも思ったのか。
それでも、やわ、ったく。

その頃の
あたしにゃわ

――あのときは本当にびっくりしたわ。
羽を広げたカラスって、近くで見ると
すっごく大きいのね。
もしかしたら、あたしと友達に
なりたかったのかしら。
だったらもう少し優しく
声かけてくれなきゃね――みけ

# みけちゃんととうちゃんのおかずの話

うちに来た頃から、ハトを見ると美味しそう（？）とマズルを膨らませていたみけちゃん。

たしかに唐揚げ好きやもんなぁ。

あの頃とうちゃんは弁当持ちで仕事に行っていて、弁当用に置いてあった唐揚げを盗み食いしてた。

ハト＝鳥＝唐揚げ、だったのか。

25歳になった今でもパレオと分け合って唐揚げを食べるから油断できへんけどね。


そしてみけちゃんは唐揚げ以外に魚も好き。

魚ならなんでもいいわけではなく好きなのは白身魚。

特にカワハギや鯛の煮つけが夕飯に出てくると、目をキラキラさせておねだりするから少しあげるんだけど、二日目の煮魚にはまったく興味を示さないというグルメぶりを発揮している。

もちろんみけちゃんたちに食べさせることが前提のときは、ショウガは使ってないし、塩分を取りすぎないよう醤油は少なめにして、煮汁は私たちが吸ってからあげている。

そして、とうちゃんが作った煮魚は好んで食べるけど、私が作った煮魚はチラッと見るだけで食べようとせず。

あはは、はは。

ま、そういうことやな。

25歳になった今もみけちゃんはとうちゃんが作った煮魚を美味しそうに食べている。
嗅覚は少し弱くなったかなあと思っていたけど、
好きなものは若い頃と変わってへんな。

――とうちゃんの料理は絶品！　美味しいものは
あたしの楽しみと喜びね。それが長寿の秘訣かもしれないわ。
でも人間の食べ物は猫の健康にあまりよくないっていうから時々ね。
特別な日だけってことかしら？
えっ？　あたしは猫じゃないんじゃないかって？
そういえばそんな気も……――みけ

バターも大好き！
ほんのちょびっとしか
もらえないにゃわ

# 一大事！ 庭つき一戸建てに引っ越すにゃわわ！

あれは14年前のこと。

「みけちゃん、引っ越しするで！」

え……。

ぽかぽかと春の日差しが気持ちいい季節だったわ。

突然、かあちゃんが言ったの。

「ヒッコシって何？」

美味しいごはんやおやつじゃないことはなんとなく分かったけど、
どうやらあたしの身に何か大きな出来事が起ころうとしているらしい。


この家の子になろう。

かあちゃんの子になろうって決めたのはたしかにあたしよ。

だけどまさか2回も引っ越しすることになるなんて思わなかったわ。

6階からの眺めも悪くなかったし、ベランダの柵に来るカラスさんやハトさん、すずめさん、
そして下を歩く人たちを見ているのも結構楽しかったのよ。


「みけちゃん、ここより日当たりええし、きっと喜ぶと思うよ！」

だって！


でも、日向ぼっこがたくさんできてあたしの美毛が保たれるなら悪い話ではなさそうね。

こうして1回目の引っ越しが決まり、あたしは当日を迎えたの。

## 1回目の引っ越し。地べたの家へ

いつか地べたの家に住みたい。
そう思いながらアパート暮らしをしていたときに見つけたのが、
平屋で3DK、南向きの縁側と庭つきの中古物件。
アパートでは野菜や花もプランターでしか育てられないし、2DKだったから少しでも広くなれば、
みけちゃんも走り回れるし喜ぶはず。
広告を見てすぐに内覧の予約を入れ見に行くと、日当たりもよく、
ここならみけちゃんも、そして私たちも住みやすそうだなと思い仮押さえをした。
なにより、リフォームしたばかりでお値段もええ頃加減！（これ大事！）
そしてトントンと話が進み、料金が安い梅雨時の一番早い時間に引っ越しが決まった。
荷物を運び出すとき、キャリーバッグに入れられたみけちゃんは、
そりゃあもうただならぬ出来事に大騒ぎ。

ある程度荷物が片づき、初めて迎えた新居での午後。
みけちゃんは家の中を一通り見たあと、寛ぐかと思ったら壁とクローゼットの間に隠れた。

みけちゃーん、ごはんやで
みけちゃーん、出ておいで
みけちゃーん、鳥さんおるよ
みけちゃーん……
声かけむなしく。

どんなに声をかけても出てこなくて、ごはんも食べず、水も飲まず、トイレにも行かず、クローゼットの後ろにいた。

どうしたものかと思っていたら、夜中に出てきてごはんを食べ、水を飲み、トイレに行き、家の中を見て歩き、安堵したのもつかの間。

線路が近かったから電車の音が怖くて日中はずっとクローゼットの後ろで過ごしていたみけちゃん。

そんな日が10日～2週間続いたかなあ。

ほんっとにどうしようかと思っていたけど、その後は窓から電車を眺めたり日向ぼっこしたりするようになり、やっと新居での生活が始まった感じだった。

たしかに電車が通ると電話の声もテレビの音も聞こえやんかったもんね。

耳がいいみけちゃんには恐ろしく大音量だったと思う。

――あたしも
日向ぼっこができなくて
どうしようかと思ったわ
――みけ

# チビ猫が現れた日の話。あたしの弟に!?

あたし、ずーっと一人娘のお嬢様だったのよ。
ところが13歳のときにまさかの出来事が起こったの。
あたしに弟ができたのよ!!
仔猫よ、仔猫! まさかの仔猫!!

引っ越しして1年、やっとあたしも落ち着いたわと思っていたところに
小さい暴れん坊がやってきたんだもん。
びっくりしたなんてもんじゃなかったわ。

かあちゃんの両手にすっぽり入っていたチビ猫ちゃんは、ミィ、ミィなんて鳴いてたの。
病気だったり虫がいたりしたらダメだからって、そのチビ猫ちゃんを病院へ連れていったら
生後2カ月半~3カ月って言われたんだって。
それから、
「もし、みけちゃんの弟にするなら2週間後に予防接種に来て」
とも。
でもね、かあちゃんったらチビ猫ちゃんのこと「お客様~」とか言いながら、
最初は洗面所に段ボールハウスを置いてたんだけど、
2週間どころか1週間後くらいには大きなケージとかごはん入れを買い揃えてたのよ。

猫の魅力、猫との暮らしの楽しさを教えたのはたしかにあたしだから

少しは責任あるかもしれないけど、
弟ができるかもしれないなんてものすごく大きな決断だと思うの。
ちょっとくらい相談してくれてもよかったんじゃないかしら。

# 穴に落ちた仔猫を助けた日の話

あの日の朝、どこからともなく猫の声がしていた。
気になっていたけどこのあたりには地域猫がいるし、
声が聞こえてもおかしくないわな、と思っていた。
ところがその声は方向を変えながら、そして時々聞こえなくなったりしながら
夕方にはすぐ近くで聞こえるようになっていた。

あかん、カレー作っとる場合やない。
猫や、猫。どっかに猫がおる。
探さなあかん。
見つけなあかん。

普段入らないような、私の身長より高い雑草をかきわけ声のする方へ。

おった！　おったで、みけちゃん！
猫おった！　見つけたで！

網戸の向こうから不安そうな顔をしてるみけちゃんに声をかけた。

穴に落ちて仰向けになった格好で両手足をバタつかせ鳴いている小さな猫がいた。
抱き上げ膝に乗せると、細っこくて長い手足、大きな目、

私の両手にすっぽり入る仔猫をエプロンでそっと包んで部屋に入った。

なんてちっちゃいんや。
なんてかわいいんや。

どこから来たんやろ。
ってか、アメショやん。

――あのときはあたしもびっくりしたけど、
今から思うとかあちゃんお手柄!
でも慌ててたわりに、
アメショって高そうな猫やんって
そこは冷静だったにゃわ―― みけ

# 弟ができた話その後。仔猫はとんだ暴れん坊ザルだった！

草むらからやってきた〝お客様〟の仔猫は、あちこち探しても飼い主は見つからず、きっちり2週間後、あたしの弟になったの。

その頃には大きなケージ、ごはん用の食器、そしておもちゃもすっかり揃っていたから、一応あたしもおねえちゃんの心構えができていたのよ。


それにかあちゃんったら、もう名前まで考えてたの。

あたしのときと大違いだわ、ったく！


洗面所のお客様からあたしの弟ピースになったんだけど、名前は庭に咲いていたバラの品種からつけたんだって。

ミイミイ小さい声で鳴いたり、キャッキャ言いながら飛び跳ねたりしていた小さなピース。

あたし、初めてできた小さい弟をとてもかわいいと思ったの。

病気や虫の心配もなくなって家猫ピースになったんだけど、いきなりあたしたちと一緒の生活スペースではなく、まずケージの中で過ごして少しずつ慣れていこうねってかあちゃんが言ってたわ。


最初はね、ケージの中で一人遊びしたりお昼寝したりしてたんだけど数日後……。

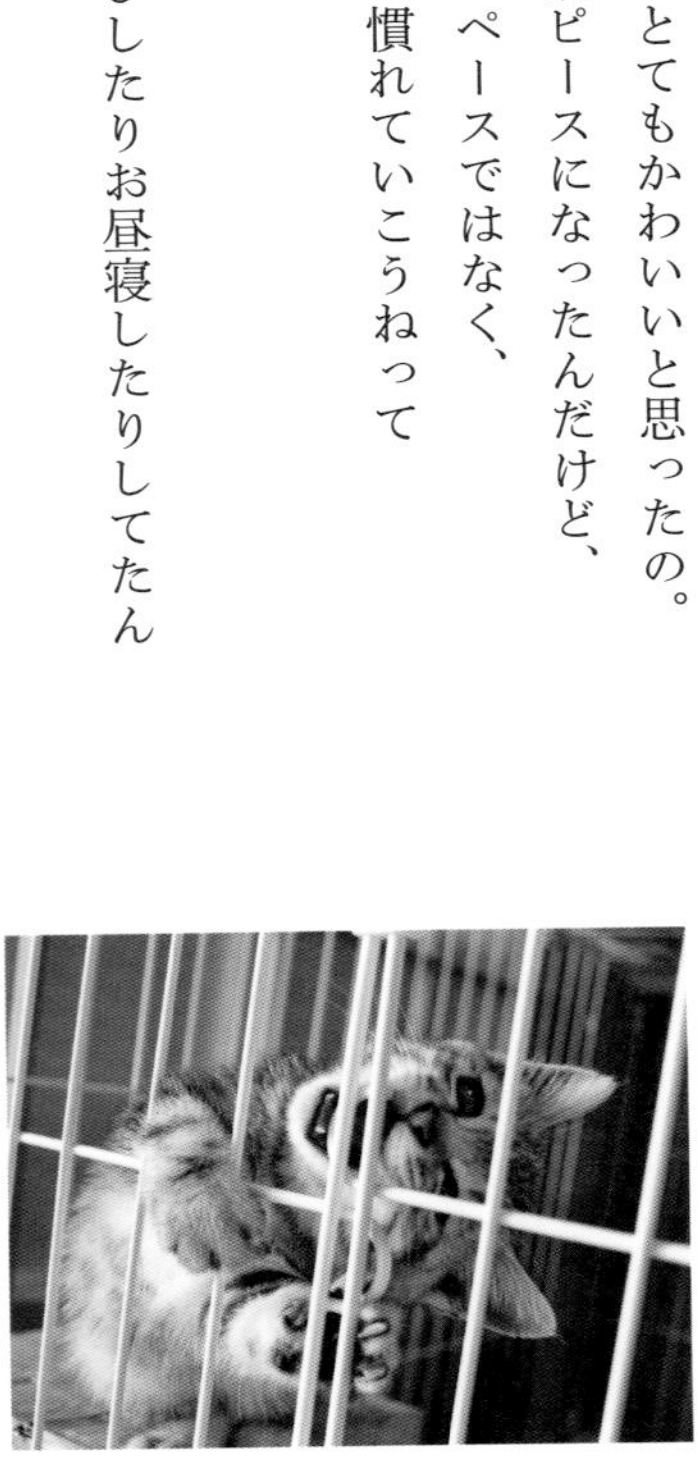

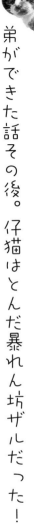

# ハン、ギャーッ!!

ほんっとにものすごーーーーく大きな声で、ケージの中を走り回り、柵をよじ登り騒ぎだしたの！

指でケージをつかんでよじ登ってたのよ。

サルよ、サル！

猫が猿をかぶる、猿が猫をかぶる！

いやもう分かんないけど、とにかくすごかったわ。

洗面所にいたときは猫をかぶってたんだわ、きっと。

あたし、びっくりしちゃってその日を境にピースがいた和室に近づかなくなったの。

せっかく新居に慣れてきたところだったのに。

おねえちゃんになるって、結構大変なのね。

## 仔猫が来た！　その後の話──みけちゃんとピースは仲良くなれる？

「お客様」から家猫ピースになり、
しばらくはケージ越しにみけちゃんと対面させ少しずつ慣れさせていこうということに。
洗面所で隔離していたときはあんなに大人しかったピースは人が……いや、
猫が変わったようにヤンチャぶりを発揮し始めた。
3段ケージを下から上へ、上から下へ、時には斜めに走り跳び鳴いて叫んで大騒ぎ。

ピースを受け入れ、少しずつ仲良くしようとしていたみけちゃんは、
ケージがある部屋に近づくことを怖がり、隣の寝室にも来なくなってしまった。

当のピースはというと、ずっとケージに入れておくのもかわいそうだったから、
部屋を閉め切りケージから出して遊ばせ、
ごはんのときや寝るときなど私が目を離すときはケージに戻していたんだけど、
それはそれで気に入らないわけで……。
1部屋だけの開放から2部屋と少しずつ広げていき、優先順位はまずみけちゃん、ピースは2番。
とにかくみけちゃんを不安にさせないよう心がけ、みけちゃんが自らケージに近づくのを待った。

1カ月くらいかかったけど、みけちゃんがケージに近づいて
ピースを見ていたときはほっとしたと同時に感動した。

やっぱりみけちゃんはすごいわ。

少しずつ
距離を縮めて

少しずつ
仲良くなって

今は
ほどよい距離感
にゃわ

━最初は本当に！すっごくびっくりしたんだけど、
かわいさって日々の積み重ねだわ━みけ

# 弟ができた話その後2。ピースはねこパンチでしつけたにゃわ

ピースが弟になってから2カ月くらいが過ぎた頃だったかしら。
やっと並んで日向ぼっこをしたり一緒にごはんを食べたりできるようになったの。
それでもちびっ子ピースは元気いっぱいで、
部屋から部屋へ、部屋から廊下へ家中を走り回ってあたしを驚かせてたわ。
かあちゃんがごはんの用意をしているとき、あまりにもニャアニャア騒ぐもんだから、
「今やってるでしょ、大人しく待つのよ!!」って、ねこパンチ。
パンチといったってもちろん優しくよ。
だってあたし、おねえちゃんだもん。

ごはんの用意をしていたのはかあちゃんだけど
しつけたのはあたしよ。
それにね、地域猫がよく庭に遊びに来ていたんだけど、
時々網戸越しに部屋の中をのぞいていたから
あたしピースを守らなきゃと思って、
「あたしの大事な弟に手を出しちゃダメ!!」ってピースを後ろにかくまって追っ払っていたの。
だってあたし、おねえちゃんだもん。

―ぼく、ずっとひとりぼっちだったから
おねえちゃんができてすっごく嬉しくて走り回っていたんだよ。
でも、あのときのねこパンチはなかなか迫力があったな―　ピース

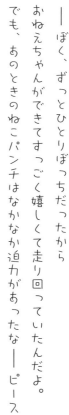

# もう1匹の仔猫と出会った話――末っ子パレオ登場

新聞の折り込み紙で『三重ふるさと新聞』というのがある。

２０１２年の10月中旬のある日、「猫もらってください」コーナーに、片腕だけが茶トラ猫毛色で、あとはキジトラ猫毛色という仔猫が載っていて、「なんやこの珍しい柄!! 会ってみたいやん!!」となり、すぐに電話をした。

すると先方から、

「ああ、その子はもう里親さんが決まったんです」

やっぱりな、そうやよな、と落胆する私に、

「あ、でもほかにもたくさんかわいい子がいるんです。会うだけでいいので会ってくれませんか」

じゃあ、お願いします！

私は、最初からそう決まっていたかのように、それが当然のように即答していた。

おいおい、最初の珍しい柄の仔猫じゃなくてもいいんかーい！

という声がどこからともなく聞こえたような聞こえてないような……。


そうしてやってきたのが、生後１カ月くらいで、私の手のひらに収まってしまう小さな小さな仔猫。

体だけではなく一生懸命に鳴くその声もまたか細くて、こんな小さい子を私は育てられるのかと不安になるくらいだった。

保護したボランティアさんが言うには、まだ目も開いてない仔猫が５匹一緒に段ボール箱に入れられていて、

みんなわりとすぐにお家が決まったけど、私のところへ来た子だけが最後まで残り、また一番弱っていたらしい。

いやいやちょっと待って。そんな状態の子を私が育てられるのか。

ピースを保護したときも生後2カ月〜3カ月で小さいと思ったけど、それなりにしっかりしていたからそこまで不安はなかった。

でも、か細くても必死に鳴くその姿が、

「もうぼく、どこにも行きたくないの。ここの家の子になりたい」

と言っているように聞こえ、まずはみけちゃんとピースが受け入れるかどうかを確かめるべく、ショートステイで預かることになった。

しかしこのときばかりはショートステイの2週間、生きてるか何度も確認した。

——ぼく、一生懸命鳴いてアピールしたもん。
かあちゃんに届いてよかった——　パレオ

# 新しい仔猫は寄生虫を連れてきた！　てんやわんやの話

2週間のショートステイの間、みけちゃんとピースは仔猫ちゃんを威嚇することなく、どちらかといえば興味深そうに代わる代わる見に来ていた。
ということは、受け入れOK！　家族になれる！　大丈夫やん！
ショートステイのときに持ってきたケージ、毛布、食器、おもちゃ、ごはんはそのまま使わせてもらうことにし、
お泊まり猫から正式に、みけちゃんとピースの弟になった。
一通りの手続きを終えたあと、まだ目も開いてなかった仔猫を育ててきたボランティアさんは、帰りぎわ涙されていたので思わず、やっぱり戻しましょうかと声をかけると、
「毎回さみしくなるんですけど、そんなこと言ってたらきりがないし、この子は村上さんに託します」
と言われ、内心めっちゃほっとした。
だってショートステイの間にすっかり愛情がわいていたし、
みけちゃんもピースも受け入れてたから、その時点でもう家族やん。
2週間が経つ前に名前は決めてあった。
「パレオ」
ピースのときと同じで、庭に咲いているバラからつけた。
まだ小さすぎたから少しずつ慣れさせようということになり、
しばらくはケージの中で過ごしていたのだけど、どうもうんちが緩い。
いや、緩すぎた。最初は仔猫だからか？とか、環境が変わったせいかと思っていたけど
それにしても緩すぎたから病院で検査をしてもらった結果、
おなかにコクシジウムという虫がいる「コクシジウム症」だと分かった。

病名もさることながら、みけちゃんもピースもそういうことと無縁だったから
頭の中は「?」がいっぱい。
感染するから、とにかくケージに完全隔離し、使ってる毛布は毎日消毒。
パレオを触ったら必ず手を洗う、などなど注意があり、ちょっと緊張した日々だった。
そしてボランティアさんのところにもたくさんの猫ちゃんがいるから
万が一、感染してる子がいては大変と思い連絡をしたら、幸いどの子も感染していなくて、
病気の子を引き取ってもらうのは申し訳ないから、ほかの子と交換させてと言われたけど、
縁あってうちに来たパレオ。
交換とかそんな気持ちは1ミクロンもなく、
そうじゃなくて〜とお伝えし、結果的に治療費を全額出していただくことになった。
だってもう家族やったもん。一緒にいた時間とか日数とか関係なく、愛やん、愛!
愛情に時間なんて関係ないもんね。
それにこんなかわいい子もう絶対手放さへんもんね、って思うやん。
完全隔離はかわいそうだったけど、
そのときはまだケージの中が生活の基本スペースだったことはよかったのかも。
それから数日経ち、やっとコクシジウム症が治って隔離から解放!
やったー!
これで姉弟一緒だ!!

——ぼく、いろいろ手土産持ってきたねえ。
一緒に持ってきた毛布は今も使ってるけどねえ—— パレオ

# 今度はハクセンキン！　でもデタラメ歌を歌って治療した話

コクシジウム症も治り、少しずつ猫っぽく、猫らしくすくすく成長していたパレオ。

ケージの外に出て、みけちゃんやピースと一緒にごはんを食べたり、日向ぼっこしたり、
遊んだりして賑やかでほわほわした日々を過ごしていた。

そんなとき、ん？　あれ？　パレオの指、毛あらへん。これってハゲてるんちゃう？

またまた病院へ。

診察の結果、ハクセンキン。

はい？　なんだそれ？

人間でいうところの水虫みたいなものだということで一日3回、消毒、
つまり指を洗わなくてはダメということになった。

でも猫やん、基本ぬれるのイヤやん。

先生から、イヤなことをしたあとはご褒美があると覚えさせたらいいよとアドバイスをもらい、
手を洗ったらごはん、と覚えさせようとしたけど、やっぱりイヤなもんはイヤなわけで……。

まだ仔猫だったパレオの首根っこをつかみ、洗面台の縁に乗せ洗ってたけど、
まあ暴れることったら！

もう〜、じっとしてぇ〜っと思ったけど、まだ仔猫、怒ったらあかん、怒ったらあかん。

猫やもん、ぬれるのイヤやわな、と深呼吸。

そこで歌を歌いながらパレオの手を洗うようにしたら、
暴れていたパレオが私の顔を見上げ大人しくなった！
それどころか、ゴロゴロと喉を鳴らし始めた。

いけるやん！　歌ったらええんやん！

パレオも嬉しい。私も嬉しい。

二人でハッピータイムやん！


そうして食事前の消毒手洗いもイヤがらないようになり、ハクセンキンもとっとと退散。

あれから11年。

パレオは今でも私が鼻歌を歌っていると嬉しそうに膝に乗りうっとりした顔で寛いでいる。

私の鼻歌がパレオの嬉しい記憶になっているなんて、めっちゃ嬉しいやん。


え、何を歌ってたのかって？

毎回、節も歌詞も変わるデタラメ歌よ。


♪　パレオはかわいい〜

かあちゃんの子〜

大好き大好きパレオちゃん〜

大事なパレオのお手々から〜

ばい菌さんは〜

さよ〜〜な〜〜ら〜〜

——ぼく、ご褒美だけはいつでももらう準備できてるよ——　パレオ

# 末っ子パレオは甘やかされすぎ！ あたしはあきれてるにゃわ

パレオのコクシジウム症が治って、さあ、次はあたしの出番だわ！ってものすごく張り切ってたの。

だってあたし、おねえちゃんだもん。

それなのにパレオったら、今度はハクセンキンだっていうじゃない。

あれをしてあげよう、これも教えてあげなきゃってたくさん考えてたんだけど、
あたしの肉球では手を洗ってあげることもできないし、またしばらくお預けね。


それにしても、いくらシゲ先生が手洗いのあとはご褒美をあげてってって言ったからって、
一日に何度も歌を歌ってご褒美もつけて甘々、砂糖漬け。

そのうちアリが寄ってくるんじゃないかしらって、あたし心配しちゃったわ。

シゲ先生、そこまで甘やかしていいって言ったのかしら。

次々と病気になってパレオもかわいそうだと思うけど、かあちゃんちょっと甘やかしすぎよね。

やっぱりあたしがいろんなことしっかり教えてあげなきゃ。

だってあたし、おねえちゃんだもん。

かあちゃんが甘やかしすぎてるから、パレオったら眠たくなるとグズるのよ。
すっと寝ればいいと思うんだけど、ワーオ、ワーオ鳴いて走り回って、
少し遊んでやると、こてんって寝るの。
ほーんと、手のかかる弟よね。

あーあ、また今日もデタラメ歌、歌ってるわ。

遊んで！

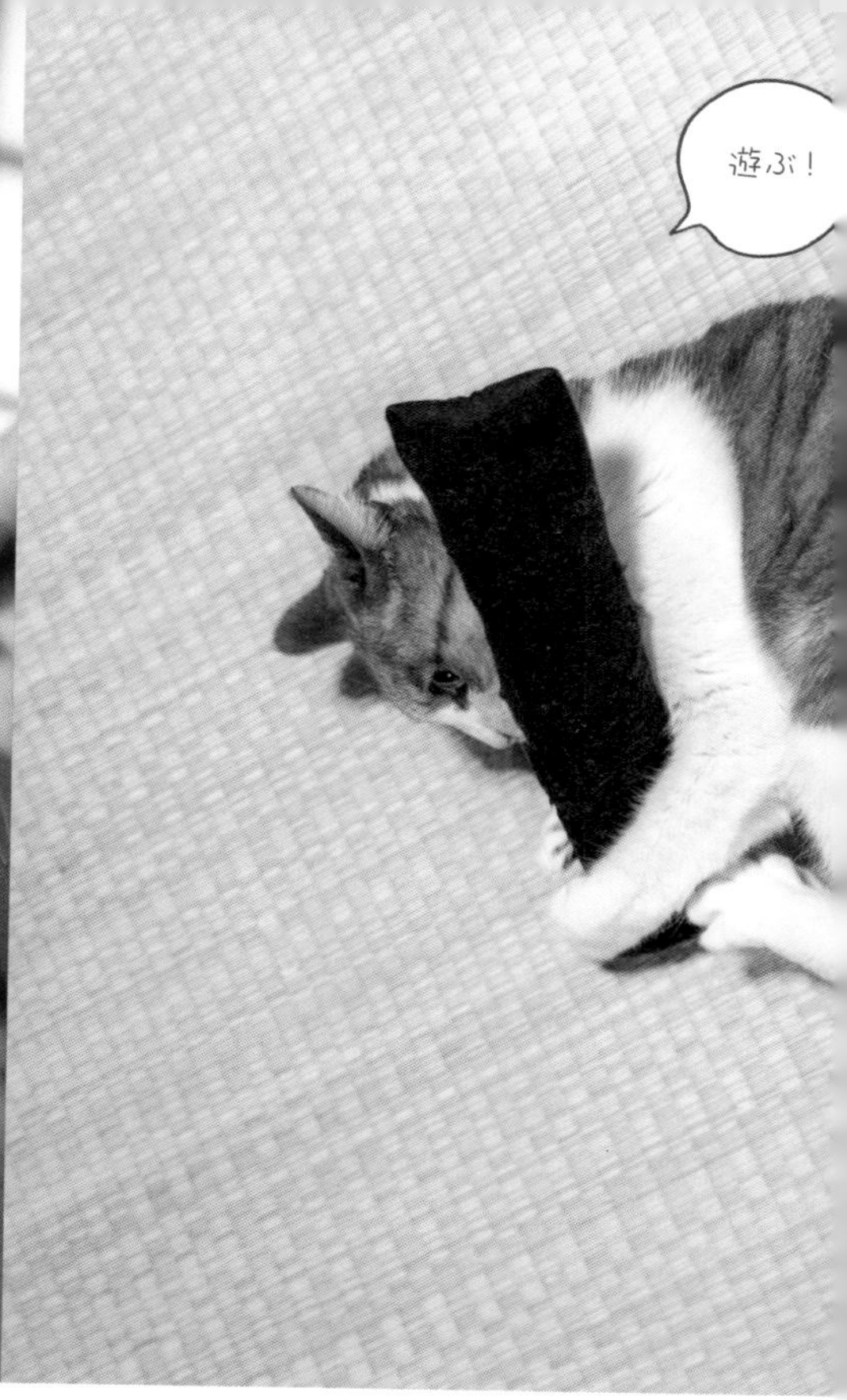
遊ぶ！

これは
遊ばれてる
にゃ

## 2回目のお引っ越し。かあちゃんはいつも突然すぎる

あのなあ、みけちゃん、ちょっとお話があるの。

かあちゃんが丁寧に話しかけてくるときは、何かお願いごとがあるときやお泊まりに出るときだというのは長年の経験から知っていたのよね。

だから、ああまたね、今度は何かしら？と耳と心を傾けたわ。

「あのなあ、みけちゃん、お引っ越しするよ」

はあああああ？

お願いでも、お泊まりでも、弟か妹ができるでもなく、いやまだそっちの方が驚きが少なかったわよ。

引っ越しって!?

またあたしに相談なし。

かあちゃん、1回目の引っ越しからまだ10年しか経ってないのよ。

新しいクッション買ったよー！みたいなノリで報告してるけど、
引っ越しってそんな何度もするものなの？

前は、庭つきの一軒家に住みたいって言ってたよね。

今度は何？

みけちゃん、今よりも広くて家の中でたくさんお散歩できるし
日向ぼっこもいっぱいできるよ～、だって。
でもそれはかなり魅力的かも！
なんだかかあちゃん、あたしを説得するのが
だんだんうまくなってる気がするわ。

でもやっぱりちょっと心配。
前はあたしだけだったけど、今度はピースとパレオも一緒だからね。
これは大変なことになりそう。

# 蔵つき古民家と運命の出会いをしたので怒涛の引っ越しをした話

もちろん終《つい》の棲家《すみか》のつもりで、1回引っ越しをした。

だけど、見つけてしまった。出会ってしまったんやもん。

その日、なんの気なしに、『三重ふるさと新聞』を見ていたら

小さな広告記事を見つけた。(パレオと縁があったあの新聞です)

「売り物件　蔵つき古民家」

え、近いやん!

うちからめっちゃ近いやん!

古民家といえば山の奥とか、とにかく不便なところが多い中、この物件は市内中心にも近かった。

それに、夫がいずれ免許証を返納したら買い物は徒歩か自転車やん。

(ちなみに私は車の免許を持っていない)

とうちゃん、見に行くだけ行ってみよか。

こういうとき、私の行動は早い。

すぐに内覧希望の電話をしてその日のうちに見学に行き、ほぼ即決で「買う」と伝えた。

問題はそのとき住んでいた家に引っ越したときと違い、今度はまずリノベーション必須。

なんでって、江戸時代後期築の家やからね、あちこち傷んでたわけ。

とはいえ、私も夫もこの家を気に入ってしまったもんだから、

やっぱりやめとこ、という選択肢はなかった。

可能な限り現状を残しながらリノベーションをしようということになったけど、

これがまあ大変で……。

私たち、これだけしかローン組めませーん!と業者さんに提示し、

できるところだけリノベーションすることになった。

購入してから約2年。

引っ越し業者に相談したら、

「2月のこの期間なら一番お安くなります。頑張って2週間で荷物をまとめてください」

うひゃあ！

少しずつ荷物を運んでたとはいえ、2週間はきつかったなあ。

そして一番大事だったこと。

我が子たちの引っ越し！

前回みけちゃんがクローゼットの後ろに隠れて1カ月近く大変やったからね。

このときは引っ越しの1週間前に全員を連れて内覧をした。

もちろん家を全部開放するのは危険だったから居間だけ見せて匂いを嗅いで覚えてもらおうと、半日くらいいたかな。

そして引っ越し当日。

1回目の引っ越しと同じで、安い日の一番早い時間。

我が子たちをキャリーバッグに入れ夫の車に乗せた。

業者さん、仕事早ーい！

あっという間に積み込んで、あっという間に降ろして2時間くらいで終わったように思う。

我が子たちを居間でキャリーバッグから出し、様子を見ていたけど、内覧の効果があったのかパニックになることもなく落ち着いていた。

みけちゃんは引っ越し2回目だし、もしかしたら慣れたのか、ピースとパレオも一緒だったから安心していたのか、

いずれにしてもパニックにならなかったのはよかった。
最初は母屋だけ開放したけど、
さすがに離れまで行動範囲を広げるまでは数カ月かけて少しずつ様子を見ながらだったな。
みけちゃん、ピース、パレオ、それぞれが早々にお気に入りの場所で
日向ぼっこしている姿を見られたし、
やっぱりこの家を買って、引っ越してよかったやん。
おっそろしーローンがあるけど、かあちゃん頑張るでー!!

―かあちゃん、内覧なんて学習したわね。
あたしは2回目だし、ちょっとは慣れてたけど弟たちのことが心配だったわ。
二人（猫）とも、パニックにならなくてよかったわね―　みけ

―ぼく、初めての場所に来てびっくりしたけど、とうちゃんとかあちゃん、
それからおねえちゃんとパレオだけしかいなかったからそんなに怖くなかったんだ。
ぼく、知らない人は苦手だから―　ピース

―ぼくは最初、ボランティアさんのところにいたから、
お家が変わったのは2回目。
でも今度は一人じゃなかったもん。
おねえちゃんとおにいちゃんが一緒だったから全然平気だったよ　―　パレオ

今は離れも
テリトリーにゃわ

# 江戸時代に建てられた古民家に。ん？　江戸時代っていつ!?

今の家はね、古民家っていうんだけど、とっても広いの。

どれだけ広いのかって？

平屋の６ＤＫよ、６ＤＫ！

もちろん日当たりのいい縁側と庭もあるのよ。

最初に住んでいたのは２ＤＫのアパート、次が縁側と庭つき３ＤＫの一軒家で、数年前から古民家に。

だんだん広くて大きな家に引っ越してるってわけね。

居心地がいいのは、あたしやピース、パレオには嬉しいことなんだけど、
とうちゃんとかあちゃん、ちょっと見てこようと出かけてそのまま勢いで買ったっていうんだから
すごいというか、なんというか。

ねえ、家って勢いで買うものなの？

あたしがかあちゃんと家族になるって決めたときには、結構考えたものよ。

でもそれが、とうちゃんとかあちゃんのいいところなのかしら。

この家のすごいところは広いだけじゃなくて、母屋が建てられたのが江戸時代後期なんだって。１６０年くらい前？　さすがのあたしも分からないわね。

そして廊下でつながっている離れは明治時代築。あと内蔵が一つ、外蔵が二つあるの。

お客さんが来るたび、かあちゃんが話してるの聞いてたからあたしも覚えちゃったわ。

かあちゃんの自慢はね、内蔵に造った「蔵の図書室」なの。

この家を見たときから、ここは図書室にしようと決めてたんだって。

あたしの家ね、本がたーーーくさんあるんだもん。

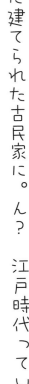

午前中は離れ、日中は母屋、夕方は母屋の廊下、季節によって時間がいろいろだけど、
一日中いろんな場所で日向ぼっこができるって幸せよね。
あたし、ピース、パレオ、それぞれにお気に入りの場所があって、
ゆっくり寛いだり散歩したり走り回ったりできるってサイコー！

## ピースが家出!? 激震の四日間レポート

それはこの古民家に引っ越して十日後のこと。

大事件発生。

私の不注意、確認ミスでピースが戸外に出てしまい、怖い思いをさせてしまった。


【2月19日 金曜日（一日目）】

我が子たちにごはんを食べさせ、自分たちの食事前にみんながどこにいるか確認することが日課になっているのだけど、19時過ぎにピースの姿が見えなくなっていることに気がつき家中を捜した。

数時間後、どんなに捜してもいないから外に出てしまったと思い外を捜索開始。

23時頃、自宅裏側にある側溝でピースを発見！

ところが私たちも焦っていたことに加え、運悪く近くの線路を電車が通って
パニックになったピースは家とは真逆の方向に猛ダッシュ。

そこからはまったく見つけることができず帰宅したのは午前3時頃。

寝られなくて窓を開けたままピースが帰ってくるのを待った。


【20日 土曜日（二日目）】

イベントの予定だったけど、私が錯乱状態だったこともあり、夫が先方に電話をして
イベントを中止にしてもらうことに。

（あとから聞いたのだけど、体調が悪くなったことにしてもらっていた）

そして我が子たちがずっとお世話になっている動物病院に電話。

チラシを作りＳＮＳに上げ、近くに住んでいる友達に拡散の協力を頼み、町内外にチラシを撒き、

パレオを保護してくれた猫ボランティアさんに捕獲器を貸してもらえるよう連絡をしたらすぐに持ってきてくれた。

友達も捜索に駆けつけてくれて、食べられず寝てない私を気づかってくれた。

朝、昼、夜と、終電後にもピースを捜したけど一向に見つからず使い方を教えてもらった捕獲器を設置。

夕方、ボランティアさんに匂いの強い唐揚げを入れたらよいと教わり四つ入れてみた。

**【21日　日曜日（三日目）】**

朝、唐揚げは完食してあったけど扉は開いたまま、ということは失敗。

チラシ配布地域を広げ、公民館や小学校、近くの美容院や病院などにも持っていった。たくさんの人が気にかけてくれて、猫がいたよと連絡があれば見にいき、一日何度も捜し回ってくれる子どもたちや、捜し方を教えるために電話をくれた方、仕事終わりに捜し回ってくれた方がいたことがありがたい。

再び、朝、昼、夜、終電後にピースを捜したけど見つけることができず。

設置した捕獲器の中に少しだけ唐揚げを食べた形跡はあったけどまた失敗。

唐揚げの噛みちぎり具合から、これはピースだと確信した。

**【22日　月曜日（四日目）】**

警察、保健所へ行き手続きをして、役場の担当に電話で確認（事故にあった猫がいないか）。

そして主治医ではない動物病院、近隣のコンビニ、病院にもチラシを持っていき協力をお願いした。

そのあと夕方までピースを捜すことに。これまでは終電直後（23時45分頃）から捜索していたけど、ピースは神経質だから、もしかしたら直後ではなく安全を確認してから動きだすかもしれないと思い、時間をずらして午前2時から捜索することにした。

20時過ぎ、動物病院の看護師さんから、「今から明日の昼頃までなら一緒に捜索できる」と連絡がきたので甘えることにした。

2時少し前に看護師さんも来てくれて捜索開始。

私はピースが走り去った方向にある倉庫や車の下などを捜し、夫は表通り、看護師さんは家の敷地内を徹底的に捜してくれた。

しばらくすると看護師さんから電話。

「村上さん！　おった！　おったよ！」

急ぎ家に戻るとピースがいた！　今まで何度も捜していた場所、雨戸の戸袋の上で縮こまっていた。

不安そうにしていたけど怯えた様子ではなく、駆け寄りたい気持ちをぐっと抑え、静かに、ゆっくり、名前を呼びながら近づいた。

すぐ近くにピースがいる。

看護師さんは自分が近づくと逃げてしまうかもしれないと、塀の向こうから懐中電灯の光を当ててくれていた。

脚立だ、脚立！　庭に置いたままの脚立があったはず！

不安定な場所に設置し、音がしないように慎重に上った。

上ったけど指先しかピースに触れない。このときばかりは自分の身長の低さが歯痒《はがゆ》かった。

それでもピースは私を認識してくれてふみふみを始めた。

しばらくそのままの体勢で、声をかけながら触れ続け、よし、行ける。

片足を塀にかけ、さらに体が不安定になったけど少しだけピースに近づくことができギリギリ頭を撫でることができたから匂いを嗅がせ、時間をかけ撫で続けた。

今だ！

首根っこをつかみ引き寄せようとしたら、ピースは足を突っ張った。

看護師さんに脚立を支えてもらい、

ピース、頑張って、大丈夫やで。

ピース、少しだけ勇気出して。

ピース、かあちゃんがいる。

不安定な体勢のまま体重4キロのピースを放さないよう、

落としてしまわないよう、後ろ向きに飛び降りながらピースをしっかり抱き寄せた。

ピース、よく頑張った！

ピース、怖い思いさせてごめんな。

ピース、もう大丈夫やでな。

ピースは腕の中で鳴いていたけど暴れたりせず、そのまま用意してあったキャリーバッグに。

四日間どこにいたのか、まったく汚れていなかったけど体重が1キロ減っていた。

この四日間、ただごとでない様子にパレオは不安そうな顔で鳴いていたけど、

みけちゃんはピースが帰ってくることが分かっていたかのように私の顔をそばでじっと見ていた。

ピースは、おそらく私が閉め忘れた雨戸の戸袋の中に入った瞬間に、破損していた底から落ちて、

そのまま外に出てしまったんだと思う。

もちろん今は完全に閉じてあるけど、一番びっくりしたのはピースやったよね。

近所で多頭飼いをされている方や、ＳＮＳで「猫捜しのおまじない」を教えてくれた方がいて、

藁《わら》にもすがる思いだったのですべて実践した。

●ごはんを食べている器を裏返しにしていつもの場所に置く
●短冊に在原行平が詠んだ歌の上の句を書き、戻ってきたときは下の句を書き加え燃やす

立ち別れ　いなばの山の　峰におふる
まつとし聞かば　今帰り来む

●ブルーのリボン（サテン、綿などなんでもいい）を普段使っているベッドなどに置き、両サイドを結び輪にして祈る

シゲ先生から、1週間がリミットのつもりで捜した方がいい、それ以上時間が経つと匂いも分からなくなってくるし、だんだん遠くへ行く可能性が高いと言われていたから一応そのつもりでいたけど、あのまま見つけてあげることができずリミットが来ていたら……。

私はどうしていたかなぁ。

それにしても看護師さん、ピースを見つけるのめっちゃ早かったな。

午前2時から捜し始めて3時頃には見つけてたもん。

猫探偵になれるんちゃうやろか。

※こぼれ話

捕獲器を設置した日、最初は裏口の外に置いていて、夕方庭に持っていこうとしたら重くて「もしかしてピース!?」と思いながら掛けてあった毛布をめくったらモフモフした黒猫が、匂いで誘おうと用意した袋入りの鰹節には手をつけず

「おなかは空いてないけど、ええ寝床があったから」

とでも言いたげな顔で入っていた。

そしてピースを見つけることができてホッとした翌朝。

設置したままの捕獲器を片づけに行ったら、今度はキジトラ猫ちゃんが、

「唐揚げ食べたら出られやんようになったんやけど!!」とめっちゃ怒った顔して中にいた。

さらにひとまわり小さい別のキジトラ猫ちゃんがやってきて、ものすごい勢いでしゃべり始めた。

それはまるで、自分がピースを見つけてお家に誘導してあげたとでも言っているようだった。

私が町内を捜し歩いているとき、ピースを見つけたらお家に帰るように言ってほしいとお願いしていた子だと思う。

お礼に食事を用意したら、食べてどこかへ行ってしまった。


——あたしには分かっていたのよ。

ピースはちゃんと帰ってくるって。

それにしても、あのときのかあちゃんの顔はほんとにひどかった。

目がなくなっていたのよ!

っていうか、ほぼ顔面が崩壊していたわね—— みけ

# かあちゃんが焼き肉屋のパートから児童文学作家になった話

あたしのかあちゃんは児童文学作家といって、お話を書く仕事をしていてね、
前は焼き肉屋さんで働いていたんだけど、あたしが5歳くらいのときに辞めたの。
きっと「みけちゃんを一人にしておけない、一緒にいたい」と思ったからだわ。

かあちゃんが作家になったきっかけは別に書くって言ってたかしら。

それまでは日中ずっとあたし一人だったから寝ていることが多かったけど、
かあちゃんが昼間一緒にいるようになって遊ぶ時間も増えたし、ごはんも決まった時間になったから
5キロに増えた体重は理想的な体重に戻ったのよ。
美毛を保つには自分で日向ぼっこすればいいんだけど、
ごはんとかおやつは出してあったらダラダラ食べちゃうからね。
もちろんあたしだけじゃないわ、かあちゃんもね。

普段は家で仕事をしているかあちゃんだけど、
いつの頃からか、講演とかいってお泊まりで出かけるようになったの。
あたし、夜はかあちゃんの腕枕で寝ていたから困っちゃった。
とうちゃんがかあちゃんの布団を敷いてくれたけど、かあちゃんがいないと寝られなくて、
もしかしたら夜遅くに帰ってくるんじゃないかと思って、あたしずっと玄関で座って待ってたの。
あたし、元々のお家の人たちに置いていかれたから不安になっちゃったのよね。
でも今は平気。どちらかといえば

「行ってらっしゃーい！　お留守番のご褒美期待してるわー！」って感じかしら。

それにね、あたしのんびり留守番しているわけじゃなくて、結構忙しいのよ。

かあちゃんは出かける前には必ず言うことがあるの。

「みけちゃん、留守の間、弟たちのお世話お願いいな」

「みけちゃん、とうちゃんがごはん出すの遅かったら言うんやで」

「みけちゃん、男の子たちは頼りないから頼んだよ」

「それからあとは……」

とにかく頼まれごとが多くてね、あたし結構大変なのよね。

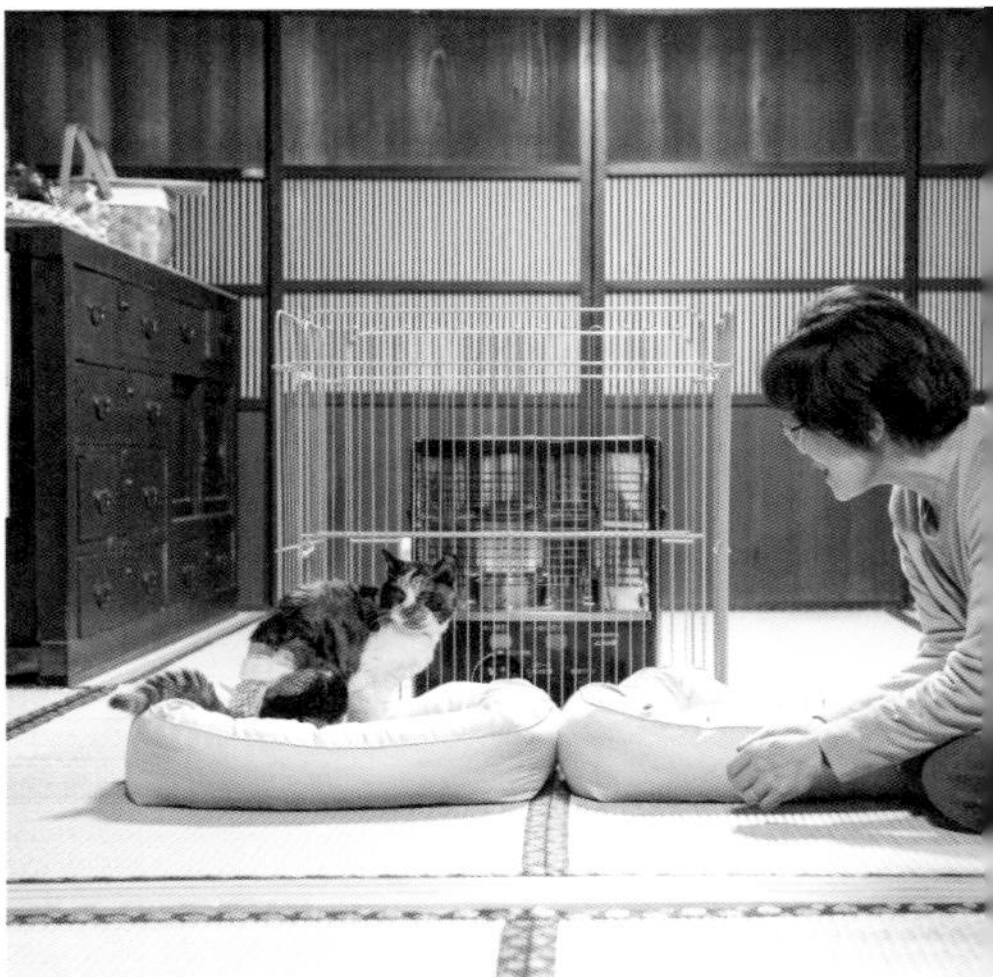

# スカウトされて児童文学作家になった話

私は子どもの頃から作家という職業にものすごく憧れていてね……。
というのはよくある話。
でも私の場合、違ったんやなあ、これが。

スカウトされた、なーんて言うと、
え？
は？
すっげー！
どゆこと？
まあまあまあ、そうなるわな。
うんうん、ちょっと落ち着こか。

子どもの頃、本が好きだった。
本があったから生きてこられたといっても過言ではない。
今でこそよくしゃべるしよく笑う私だけど、子どもの頃はまったく真逆。
（うそや！と思ったあなた、ほんまやで！）
家にも教室にも居場所がなくて、友達もいなかったんだな。
学校の図書室だけが私の居場所で、物語の中でよく遊んでいた。
だからといって作家なんてなれるわけもなく、
本は読むものであり書くものではないと思っていた。

だけど、今思うと自分でも無意識のうちにどこかで〝作家〟という職業に憧れていたから、大人になってからも本がそばにある環境で過ごしていたのかも。

運という言葉はあまり好きではないけど、出会いと縁があり、私は今、児童文学作家として20年になる。

ちなみに私、縁という言葉は好き。

## デビュー秘話。実は賞金目当てだった話

元々、あ、違うな。元々っていうのも変やな。

24〜25年ほど前、夫と一品料理屋を開いた。

ところが常連客はトラ仔猫3兄弟だけで人間のお客さんは、ぽつり、ぽつり。

店先に「お猫様優先」なんて書いてあったか？と思ったほど。

もちろんトラ仔猫ちゃんたちからお代なんてもらえないからお店は半年ほどで閉店。

いい経験やったな、なんて言うてる余裕もなく、
幸い二人ともすぐに再就職先を見つけたけど通帳残高が数百円。

これはさすがに心もとないな。よし、宝くじや！と買ってみるも……。

二人とも本が好きだったこともあり、休みの日には図書館や本屋さんへ通っていたある日、

「見てみ！　こんなんあるで！」

夫が『公募ガイド』を手にしていた。

なになに？　童話を書いて最優秀賞の賞金が10万円!!

えっ！　50万とか１００万もあるやん!!

その頃、いつか子どもができたらオリジナルのお話とか読んであげたいなあ、
なんて考えていた私は、短いお話を書きためていた。

だがしかし、いつか子どもが〜、なんて言うてる場合ではなくなり、
賞金目当てで応募するようになった。

もちろん公募の中には「最優秀賞受賞者は作家デビュー」という内容のものも
あったのだけど、私が目指したのは賞金が出るところ。

それに自分が作家になれるなんて夢のまた夢で考えてなかったからね。

しかし、世の中そんなに甘くない。

送っても送っても落選。

どこかで児童文学を勉強したわけでも、同人誌で学んだ経験もない。

まあ当然といえばそうなんやけど……。

それから独学で勉強しながら応募し続け、初めて賞をいただいたのが、

2001年の毎日新聞《小さな童話》大賞。そこで俵万智賞を受賞した。

電話があったとき、そりゃもう驚いたのなんのって！　落選することに慣れてしまっていたからね。

東京で授賞式があり、会場には選考の先生方がずらり。

私と夫は完全にオノボリさん。

サインをもらうことと一緒に写真を撮ってもらうことで頭がいっぱい。

右手にカメラ、左手にビールを持ってそわそわしていたら関係者に、

「後ほどそういう時間を設けてありますから落ち着いてください」と言われ、

周りを見渡すとみなさん静か～に主催者のあいさつを聞いていた。

そうこうしているうちに〝そういう時間〟、つまり交流会が始まり

再びそわそわしだした私たちの前に!!

おじさんがにこやかに近づいてきた。

なんだなんだと思っていると、

「作品面白かったです。もっと膨らませて作家としてデビューしませんか？」

はい？　膨らます？

ってか、デデデデ、デビューーーーーーっ!!

ワタシ、サッカ　ニ　ナレルノカ

《小さな童話》大賞入選作品集に受賞作『とっておきの『し』』が掲載

有名出版社の編集長だと名刺をいただき、ドラマみたいやん！と急に緊張してしまったけど、10枚の原稿を60枚に増やしてほしいこと、その時点で編集担当さんがついてくれることなどを聞き、すっかりその気になった私は「書きます！」と即答していた。

家に帰ってすぐに書き、いただいた名刺宛てに原稿を送ったけど、待てど暮らせど返事はなし。

おっかしーなー、

私のこと、忘れてしもたんやろか。

待ちきれず、

「あのぅ、村上ですけど私の原稿は読んでもらえたでしょうか？」

と何度か電話をしてそのたびに、

「ああ、まだ読んでないです」

それでも返事を待ちながらほかにも応募していた私。

翌年に「ミセス大賞 小さな童話部門」という公募で優秀賞をいただいた。

やったー！と思いながら、そうや、出版社の人、私のこと忘れてるかもしれやんから受賞の連絡してみよと思い電話をしたら、

「そうですか。おめでとうございます」

ん？　それだけ？　私の原稿は……？

「うーん、まだ読んでません」

そのとき私は思った。

デビューしませんかというのは社交辞令で、受賞者みんなに声をかけてたんやな、と。

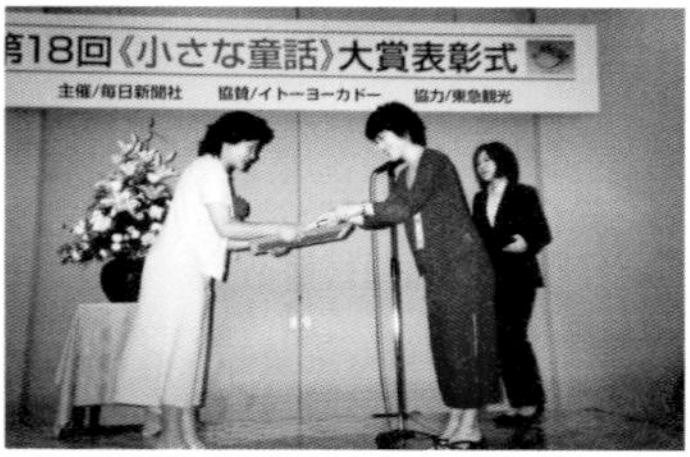

表彰式で俵万智さんから授賞

すっぱり諦めて数カ月。

くだんの編集担当さんから年賀状が届いた。

「今年は出します」

みけちゃん短歌　その二

詠み人　村上しいこ

舌ぺろをしまわないみけボボボボボっと雪が降るのを眺めていたい

赤鬼と青鬼がいてみけねこはとくに目立ったことはしてない

春風はどこで生まれてきたのかとてんとう虫をみけちゃんがよぶ

このつぎに生まれかわるとするならば涙かわかすねこになりたい

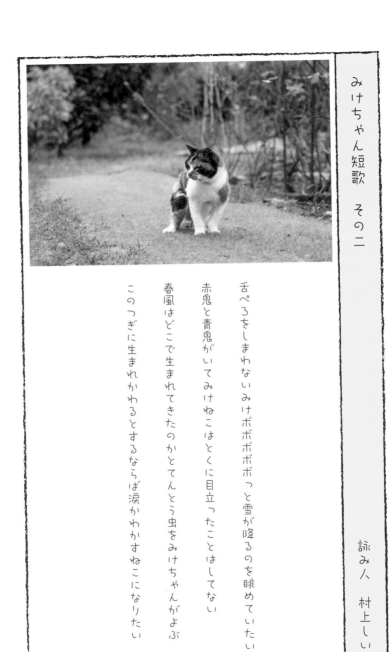

# 3章 最近のあたし

# かあちゃんは慌て者

かあちゃんはすぐに慌ててパニックになるから困ったもんだわ。

少しはあたしを見習えばいいと思うの。

パレオの肉球に何か刺さってる!!って大騒ぎして夜間救急病院に連れていったわよね。

あたし、結果を聞いてあきれたわ。遊んで走り回りすぎて皮がめくれただけ。

刺さってるように見えたのはめくれてかたくなった皮だって。

診察してくれた救急病院の先生もあきれたと思うわ。

笑ってたっていうじゃない。

それでそのこと、シゲ先生にも言ったんでしょう。ほんと恥ずかしいわ。

——ぼくも覚えてる!
あの日、かあちゃん夕飯の途中だったけど
ものすごい勢いでパレオをキャリーバッグに入れて出ていったからね。
パレオぉ、ごめんな、こんな傷になってるのにかあちゃん気がつかへんかった、
痛いよなあ、痛いなあとかなんとか言ってたよね。
テーブルの上をささっと片づけたとうちゃんの動きも
今まで見たことがないような早さだったよ。
たぶんだけど、パレオが一番驚いていたんじゃないかな——
ピース

―もう、おねえちゃんもおにいちゃんも
それ言わんといてぇ！
なんでか知らんけど、急にとうちゃんとかあちゃんが
慌ててぼくをキャリーバッグに入れたから
何事かと思ったもん。
ぼく、不安で不安で車の中でずっと鳴いてたら、
かあちゃん、パレオごめんなあ、痛いよなあ、
頑張るなーって言うてた。
よく分からんまま初めての病院へ行って肉球触られて、
先生笑ってた。
ぼく、たぶん頑張ったと思うよ―パレオ

# みけねえちゃんはしっかりもの

弟猫が二人（２匹）になったみけちゃんは、ますますおねえちゃんぶりを発揮し、
ごはん待ちのしつけ、遊び相手と大忙し。
ピースとパレオが、ごはんごはんと鳴き騒ぐと右手で制し、
それでもダメなら左手高速ねこパンチ炸裂!!
みけちゃんは本気を出すと左手が出るでな。
そんなみけちゃんに、ピースとパレオも一目置いている……はず。

ピースは走り回る遊びが好きで、パレオは寝転がって遊ぶのが好き。
ものすごい勢いで走るピースを、あっけにとられながらチェストの上から眺めたり、
尻尾でパレオの相手をしたり。

あれから10年とちょっと経ち、ピースは一人静かに過ごす時間を大切にするようになり、
パレオは、パレオは……あれ？
体は一番大きいけど気持ちはまだ仔猫のままやな。

でも一つ言えることは、みけちゃんが地域猫から守ってくれたことをピースはちゃんと覚えていて、
今度はピースがパレオを同じように守っている姿を見たときは感動したなあ。
それを見ていたみけちゃんもまた、
自分の役割をピースがしていたのを静かに見守っていた姿もかっこよかった。
自分より小さい子は守るべき存在なんだとちゃんと認識してるってすごいわ。

―でも、あたしがしっかりしているせいで
ピースとパレオは
ちょっと頼りなさすぎるわね―　みけ

# とうちゃんとあたしの、かあちゃんにはナイショの話

かあちゃんがお泊まりでいないとき、とうちゃんは張り切っておまつりをするの。
何って？　ふふふ。
まず、あたし用に美味しい煮魚ね。
これだけだと普段と同じなんだけど、ここからが大事。

とうちゃんは好物だけど、かあちゃんが苦手なレバニラとか牡蠣料理、
それからニンニクたっぷりの料理を作るのよ。
なんなら作りながら飲みながら食べてるわね。
でも、煮魚が好きなのはあたしとパレオだけだからピースはあまりおまつり感がないんじゃないかしら。

かあちゃんがいないとき、あたしには大事な役割があるの。
それはね、朝とうちゃんを起こすことね。
枕もとに行って、「とうちゃん起きて」って鳴く……なんてことはしないのよ。
そんなやわやわなことでは、とうちゃん起きないの。
どうするのかって？
頭、というか髪を噛んで引っ張るのよ。
だってあたし、ごはんの時間はきっちりだから。
寝坊なんてダメよ。

あたしが髪を噛んで引っ張るから、てっぺんが薄くなってることはナイショね。

# もう一人のママ、まゆみちゃんの話

あたしにはまゆみちゃんという通いのママがいるの。

かあちゃんだけじゃなく、とうちゃんも一緒に外泊とか、一日中お出かけしていたときは
まゆみちゃんがごはんくれたり、トイレの掃除をしたりしに来てくれたのよ。

時々は遊んでくれたりもしたわ。

ごはんはもちろんだけど、トイレが汚れてたらイヤでしょう。

それに、ごはんが出しっぱなしだとピースやパレオが食べちゃって
あたしの分がなくなっちゃうしね。

ペットホテルとかあるらしいんだけど、あたしはやっぱり自分の家がいい。

ペットシッターさんもいるというけど、知らない人が来るより、
かあちゃんの友達の方が安心だもん。

もちろん理由はそれだけじゃなくて、ピースは家族以外の人にはなかなか顔を見せないのに、
どういうわけかまゆみちゃんだけは平気なの。

ピースに一度だけ「なんで?」って聞いたことがあるんだけど教えてくれなかったわ。

あたしにも分からないピースの謎よ。

まあ、姉弟だからってなんでも知ってるなんてことないのね。


でも今はとうちゃんか、かあちゃんのどちらかが必ず家にいるの。

まゆみちゃんとはずいぶん会ってないからさみしい思いしてるんじゃないかしら。

# みんなが喜ぶおもちゃ探し

買い物に行くと、ペットコーナーへふらふらと吸い寄せられるように行き、
みけちゃんたちが喜びそうなおもちゃはないかなと探す。

しかし我が子たちだけに限らず、猫さんにはよくあることだと思うのだけど、
買ってきたおもちゃより、包装についてる紐や包装紙を丸めたおもちゃの方で遊ぶ。

でも一つだけ、これだけは買ってきたものじゃないとダメというおもちゃがある。

それは「またたびキッカー」。

これにもこだわりがあって、よくある市販品は好みではなく、
猫フェアとか猫まつりとか手作り作家のイベントで売っている「またたびキッカー」が好き。

またたびの粉をつけるとかではなくて、またたびの実が二つ三つそのまま入ってるおもちゃ。

これはすごい！　ほんまにすごい!!

ピースやパレオはもちろんだけど、みけちゃんもよだれポタポタさせて遊ぶから！

なんなら取り合いするからね。

どこかの猫イベントで、「またたびキッカー」をたくさんかごに入れてる人がいたら、
それは私かもしれへんな。

――またたびキッカー、あれはいいわね。
あたしたち猫族のことをよく考えてると思うの――みけ
――ぼくも好き！　なめてすりすりしてると
うっとりするよね――ピース

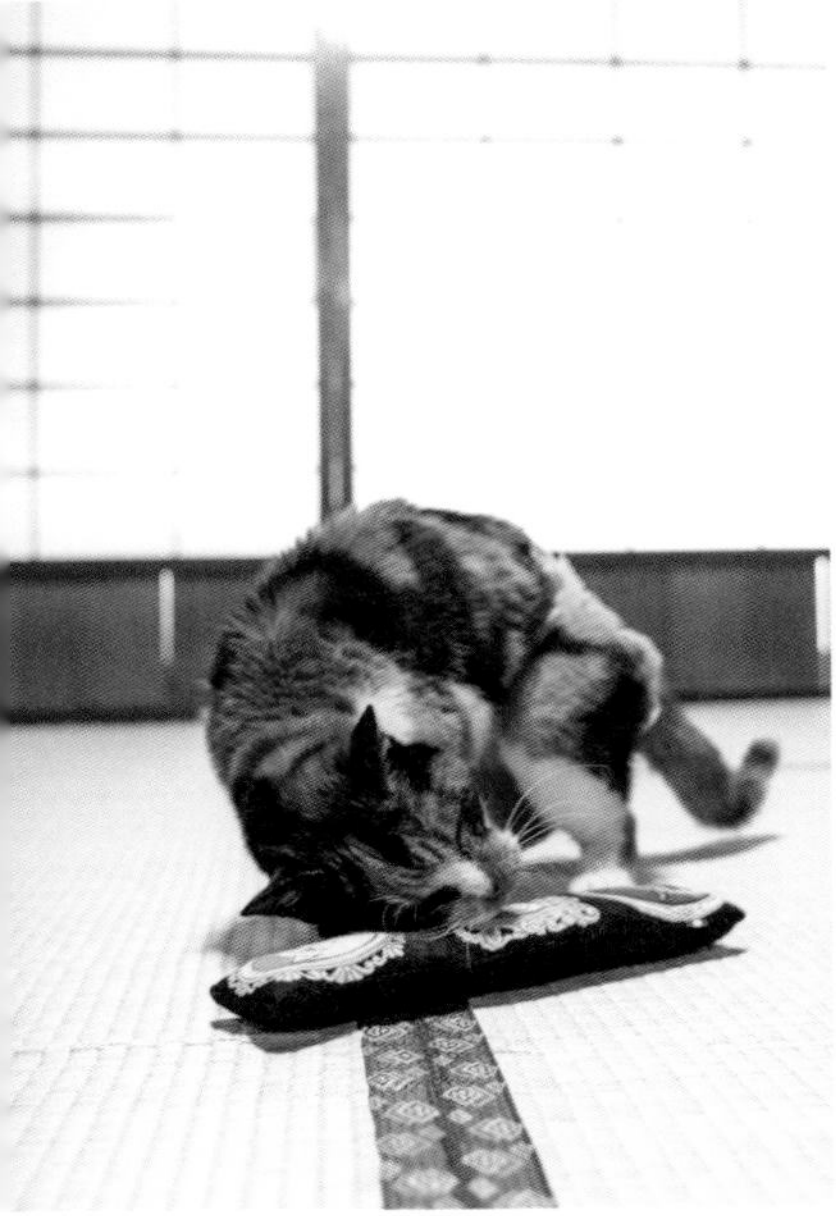

―ぼくは蹴り蹴り、噛み噛みして
すっごくテンション上がって走り回るよ―　パレオ

## みけちゃんがてんかん発作を起こしたときの話

それは本当に突然だった。
みけちゃんが18歳くらいのときだったと思う。
いつものように、みけちゃん、ピース、パレオは廊下に並んで日向ぼっこをしていた。
そんなとき、みけちゃんが急に激しくけいれんを起こし、瞳孔が開き口から泡を吹きだした。

みけちゃんが死んでしまう!!

どうしていいか分からず慌てていたのだけど、みけちゃんは抱っこした夫の手を噛み、
私は、みけちゃんどうしたん？と名前を呼び、声をかけることしかできなかった。
とても長く感じたけど、たぶん2〜3分だったと思う。
突然のことでピースとパレオも興奮し、それまで一度もしたことがないけんかを始めた。
よだれで顔中ベタベタになっているみけちゃんのことは夫に任せ、
私はピースとパレオの仲裁に入り、互いを別の部屋に入れ病院に電話をした。
翌日、みけちゃんが落ち着いたのを見て病院に連れていき診察をしてもらった結果、
「てんかん発作」だと言われ、若い子なら手術という選択肢もあったけど、みけちゃんはもう高齢で、
全身麻酔のリスクが高すぎるからお薬で予防していこうということになった。

あれから数年、何度か発作が起きたけど、
私たちも対処に少しずつ慣れてきて発作が起きても慌てず、
みけちゃん、とうちゃんとかあちゃん、ピースとパレオもおるよ、

大丈夫大丈夫、みけちゃん大丈夫やでな、
そばにおるよと声をかけながら、
発作がどれくらいで治まったか、どの程度の
発作だったのかを先生に診てもらうための
動画を撮れるまでになった。

とはいえ、発作は本当に突然始まるし、
苦しそうなみけちゃんを見ているのは
やっぱり辛い。

25歳と超高齢のみけちゃん。
今の体力で発作に耐えるのは命がけになる
と思うから、どうか穏やかに過ごしてほしい
と願うばかり。

――発作のときはあたしも
記憶が飛んでるけど、
とうちゃんとかあちゃん、
ピースとパレオの声は
聞こえてるのよ―― みけ

# 23歳で夜鳴きが始まったときの話

23歳になった頃、みけちゃんは夜中、みんなが寝静まった頃になると部屋を歩きながら大声で鳴くようになった。

抱っこすると少し落ち着いたけど下ろすとまた鳴きだし、しかもその声が大きい。2〜3時間で落ち着くこともあったけど一晩中なんてこともあり、さすがに私たちもきついと感じ、みけちゃんを居間へ連れていき一人にした。

夏でエアコンをつけているとはいえ気になって寝られず、結局また寝室へ連れてきてたけど、一晩中の夜鳴きが四日間続いたときは「もしかしたら認知症かも」と思い、シゲ先生に相談をした。

すると先生から思ってもみなかった言葉をかけられた。

「高齢になって、若い頃と比べると耳が遠くなって、聞こえにくくなってきとるでなぁ。みんなが寝て静かになると不安になるんやな。みけちゃんの症状は認知症と違うわ」と。

認知症だと思い覚悟を決めなあかんと思っていたのだけど、みけちゃんは猫。人間なら「年やな」で終わることでも、みけちゃんは自分が老いていってることは理解できない。ただ、今までと何か違うことは感じているから不安なんだと知り、とにかく「大丈夫、大丈夫」と安心させることにした。

それから数週間後に落ち着き、25歳の今も夜鳴きはしていない。

ちなみにみけちゃんは年のわりに耳もよく聞こえていて目も見えている。すごいみけちゃん更新中。

——さすがあたしを長年診てくれてる先生。安心は心の御守りよね——みけ

# お花見に出かけたら注目の的になったにゃわわ

いつもは庭でお花見をするんだけど、24歳の春、庭じゃない場所、
松坂城跡ってところへお花見に行ったのよ。
とうちゃんとかあちゃんは毎年行っててね、「映え写真を撮ろう」と思ったんだって。
リードをつけたワンちゃんはたくさんいたけど、あたしは猫。
お花見をする猫なんてそんなにいないと思うし、
リードなしで満開の桜の下を堂々と歩いてたら、あちこちから「かわいい～」と声がかかったの。
あたしやっぱり、モデル要素ありよね。

庭の散歩も楽しい。でもたまには出かけるのも、それから注目されるのも結構気持ちよかったわ。
来年も連れていってもらおうかしら。
うふっ。

かわいい、かわいいと言われてかあちゃん喜んでたけど、
かわいいのはかあちゃんじゃなくてあたしだってこと分かってたのかしらね。

かわいい
美味しい
楽しい
嬉しい
これ大事！

# みけちゃんの「にゃん生訓5カ条」が厳しすぎる件

みけちゃんがうちの子になって、それから13年後ピースが家族になり、翌年にパレオが来て、そのあとは地域猫が遊びに来るようになった。

猫が猫を呼ぶ、猫にロックオンされたらもう逃げられない、秒で落ちる、とりこになることをにゃんにゃんネットワークなんていうらしいけど、みけちゃんはネットワークを広げる特派員隊長なんじゃないかと思う。

なぜなら、

1　自分の意思はしっかり伝える
2　言い分が伝わるまで訴え続ける
3　人の意見はきちんと聞く
4　面倒をよく見る
5　時間に厳しい（特にごはん）

という人生ならぬ「にゃん生訓」を持っているから。
私は知らず知らずのうちに、そんなみけちゃんにテストをされていて合格したから、ネットワークの一員として認められ、ピースとパレオが来たような気がするんやけど、ほんとのところはどうなんやろ。
こればっかりは、みけちゃんも教えてくれへんやろなあ。

そういえばみけちゃんがまだ15歳くらいだったとき、私が寝坊すると起こしに来て、

眠くて知らん顔してると決まってすることがあった。
それは、恐怖の爪立て！
寝室のふすまに、バーン！と肉球を当て、爪を刺し、
「かあちゃ〜ん、見て〜。ほら見て〜。
爪が刺さってるよぉ。いいのかなあ。
このままこの手を下にズバババババーンって下ろしちゃってもいいのかなあ」
と、私の方を振り返りながら目で訴えてた。
怖いでぇ！
めっちゃ脅かすねんで！
分かった分かった！ かあちゃん起きる！
ほれ、起きた。な、起きたやろ。
と布団から出ると刺してた爪を抜くねん。
で、早くごはんとでも言うように台所に誘導するの。

そういうみけちゃんがいるから、ピースとパレオも安心やと思うわ。

# うちの子たちがいるだけで毎日が愛おしくて楽しい

みけちゃんは今まで大きな病気やケガをせずにきたから手もかからず、
それこそ「猫との暮らし入門編」的な感じだった。
病気やケガだけじゃなく、カーテンを引っかくとか物を落としたり壊したりもなかったし、
だから私も猫を相手にしているというより、女子、人間のように話しかけていたように思う。
てんかん発作があるから今は予防薬を飲んでるし、発作を誘発してしまうような
高い音（食器があたる音やレジ袋などのガサガサする音とかいろいろ）を
出さないように気をつけたり、気圧の変化に注意したりとか、
夜中に何度も起こされるおむつ交換や、ちょっとした介護みたいなことがあるけど、
私と25年一緒にいてくれてるんやもん。
そんなことくらいなんてことあらへんわ。
あ！　もしかして、みけちゃんご長寿の秘訣は
声かけやおしゃべりも影響しているかもしれない。
そしてピースはちょっと、いやかなり神経質なところがあって、
家族以外の人が家にいると姿を見せない。
まして動いている姿を見られるのはめっちゃレア。
それでも家族だけだと、仔猫の頃は段ボールの縁を歩いたり、
直径5センチほどのふわふわボールに玉乗りしたり、
そんな芸できたら芸能猫事務所に入れるやん！って思ったくらい。
スーパーハイジャンプもすごかったけど、
最近はスーパーじゃなく普通のジャンプやな。

神経質すぎて、ストルバイト結石で血尿が出て
いつもの病院ではなく日曜診療の救急病院へ連れていったら……ハゲた。
たった1回の診察で500円玉ハゲができた。
人間もストレスで10円玉ハゲができたとか聞くけど、
猫もストレスで玉ハゲができることをピースから教わった。
ちなみにシゲ先生の病院に行ってハゲたことはない。
ピースは来たばかりの頃、ケージの中を跳んで走って大騒ぎだったけど、
今は庭を眺め、一人静かに過ごす時間を好むようになったなぁ。
そしてパレオはというと、まあ仔猫のときから手がかかる子で、
一番若いのに病院へ行く回数が一番多い。
コクシジウム症、ハクセンキンと続き、そのあと、
病気ではないけどケージの柵の間から頭だけ出して鳴いててびっくり!
あれは慌てたなぁ。
ケージから出てる頭を押し戻すべきか、体を出す方がいいのか瞬間迷って私か夫、
どっちがどっちやったか覚えてないけど、とにかく体をすぼめさせて外に出すことにした。
まさかそんなところから出られるなんて思わへんやん。
柵の間隔が5センチやったから急ぎ4センチのケージを買った。
パレオは元の兄弟の中で一番小さくて弱かったこともあってか、声も小さく弱々しかった。
だから、というしかないのだけど私は甘やかし……すぎた。(と、夫に言われている)
しかし成長するにつれヤンチャぶりを発揮し、今までみけちゃんやピースがしたこともないこと、
引き戸を開けるとかなんでも食べるとか、

あとウールサッキング（布をかじる行動）を今もしている。
フリース素材は置かないとよいとか言われるけど、パレオは職人なみになんでもほじって
フリンジを作るから、そのうち「パレオブランド」ができるんじゃないかと思っている。

でも一つ言えることは、みけちゃん、ピース、パレオがいてくれることで、
とうちゃんとかあちゃんはとても幸せで毎日が本当に愛おしくて楽しい。

「みけちゃんたちは外に出たがらない？」と聞かれることが時々あるけど、
そういえば1回もあらへんよなあ。
パレオは目が開いたときから人間と一緒やったから外の生活を知らないけど、
みけちゃんとピースは少しの間、外にいたから出たがってもいいよねえ。
言われるまで気がつかなかったけど、それってお家が居心地いいってことかな。
もしそうやったら、かあちゃんは嬉しいなあ。

え、ちょっと待って。
みけちゃんは病気もケガもなく手がかかってない。
ピースは神経質で吐きグセはあるけどそれ以外は特に何もない。
パレオは様々な病気があったりよく体調を崩したりする。
だんだん手がかかる子が来たってことやんなあ。
みけちゃん、これってやっぱり合格するたび猫の親として成長していく
昇進試験やったりしたんちゃう？

――うふふ。

かあちゃん、今頃気がついたのね。

よかったわね、合格して――　みけ

――ぼくは少しの間だけ外にいたけど楽しくなかったんだよね。

そんなとき、おねえちゃんから呼ばれたんだ――　ピース

――ぼくのときは危なかった。

〝珍しい柄の子〟に会いたいって電話があったけど、おねえちゃんがすぐぼくにつないでくれたんだよね――　パレオ

# みけちゃんの1日

1日のタイムスケジュールは
だいたいこんな感じです。
ごはんの時間はきっちり守ります。

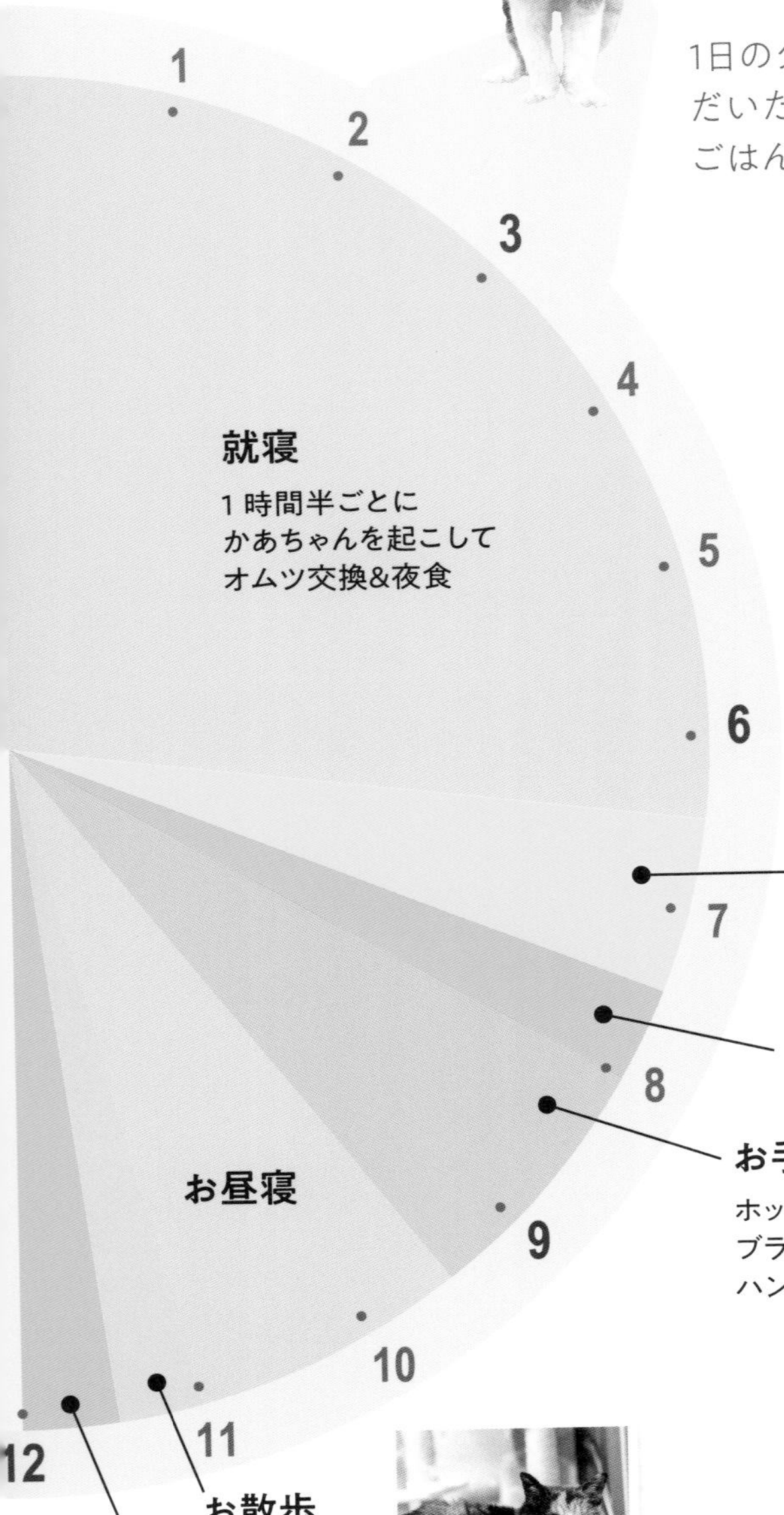


**就寝**

1時間半ごとに
かあちゃんを起こして
オムツ交換&夜食

**寝室内で**
**ウォーキング、**
**時々休憩**

朝ごはん

**お手入れ**

ホット手ぬぐいでおしり拭き、
ブラッシング、
ハンドマッサージ、毛づくろい

**お昼寝**

**お散歩**

昼ごはん

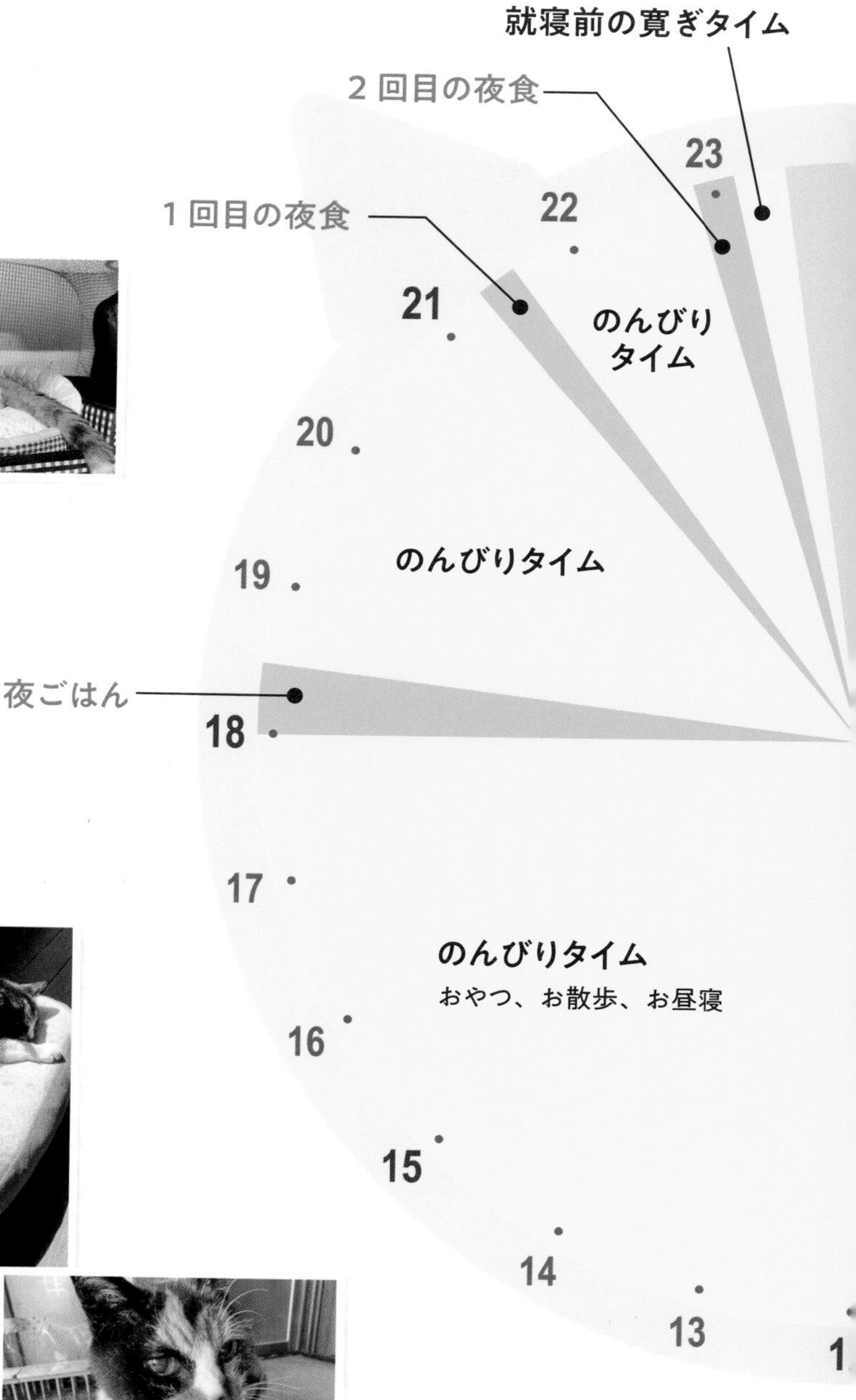
就寝前の寛ぎタイム
2回目の夜食
23
22
1回目の夜食
21
のんびり
タイム
20
19
のんびりタイム
夜ごはん
18
17
のんびりタイム
おやつ、お散歩、お昼寝
16
15
14
13

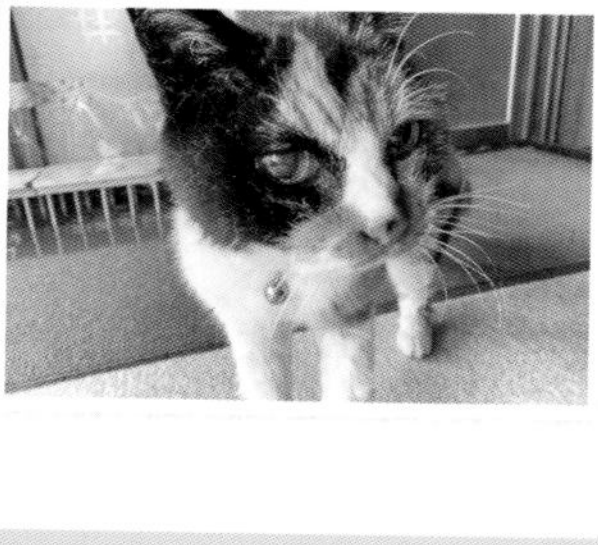

# みけちゃん年表

25年間のあれこれを
年表でまとめてみました。

## 1998年

みけちゃん誕生?

## 1999年(1歳)

- かあちゃんの住んでいたアパートにみけちゃんが出没
- 村上家に入り込み、村上家の「みけちゃん」になる

みけちゃんエピソード

村上家に入り込んだみけちゃんは、昔からそこで暮らしていたかのようになじんだ。

## 2000年~(1~4歳)

- 窓から見えるカラスにクラッキングして遊ぶ
- 留守番時間が長く、体重5kgまで増加

みけちゃんエピソード

かあちゃんもとうちゃんも外で働いていたため、
みけちゃんは一人で留守番していた。

## 2003年~(5~11歳)

- かあちゃんが児童文学作家としてデビュー
- みけちゃんが適正体重になる

みけちゃんエピソード

村上家のお嬢様としてかあちゃん、とうちゃんに愛される。
家にいるようになったかあちゃんのそばで過ごすのが日課に。

# なつかしアルバム

## Part1

かあちゃんが撮りためた
秘蔵のみけちゃんアルバムから
厳選して公開!

2000 若かりし
みけちゃんのお花見姿

2005 みけちゃんの
貴重なおなかショット

2008 アゴの下もかわいい
みけちゃん

2013 3姉弟揃って
日向ぼっこ

2006 ベランダから
下界を観察中

2018 猫用アイスに
夢中だった夏の日

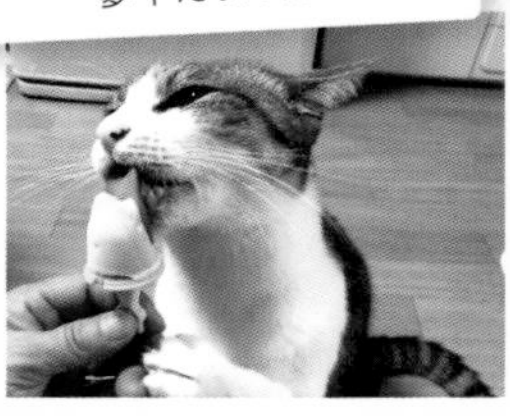

2016 美しいみけちゃんのおすましショット

## 2010年（11～12歳）

・平屋の3DKにお引っ越し

みけちゃんエピソード

みけちゃんは近くに聞こえる電車の音が怖くて、しばらくクローゼットの後ろに隠れていた。

## 2011年（12～13歳）

・かあちゃんがピースを保護。
2週間後に村上家の一員に

みけちゃんエピソード

ピースはヤンチャな仔猫で、みけちゃんは驚いて和室に近づかなくなった。1カ月近く経って、徐々に存在に慣れていった。2カ月経つ頃にはねこパンチでピースをしつけるようになった。

## 2012年（13～14歳）

・パレオが家にやってくる

みけちゃんエピソード

1匹目のピースで慣れたのか、みけちゃんは
怖がることもなくすんなりとパレオの存在を受け入れた。

## 2013年～（14～16歳）

・かあちゃんを起こすため、ふすまに爪を立てて
脅すという技を覚える

みけちゃんエピソード

弟2匹の存在にも慣れ、落ち着いた日々を過ごす。
みけちゃんは立派なおねえちゃんとなった。

## 2015年（16～17歳）

・シゲ先生のアドバイスで、腎臓サポート用の薬を飲み始める

みけちゃんエピソード

高齢になって腎臓の薬を飲むようになったみけちゃん。ちゅ～ると一緒ならば薬もイヤがらずに飲んでくれるので、かあちゃんは安心した。

## 2016年（17～18歳）

・てんかんの発作を初めて起こす

みけちゃんエピソード

大きな音や高い音がてんかん発作の原因になるため、みけちゃんから遠ざけるようになった。

## 2019年（20～21歳）

・三重県獣医師会から長寿猫として表彰される
・かあちゃん、とうちゃんが古民家を購入し、リフォームを開始

みけちゃんエピソード

20歳になり、ご長寿猫として表彰された。みけちゃんよりもかあちゃんが喜んだ。

## 2020年（21～22歳）

・みけちゃんのドレスやおめかし着が着実に増える

みけちゃんエピソード

みけちゃんはどんな服でも上手に着こなすので、どんどん服が増えることになった。

## 2021年（22～23歳）

・江戸時代後期の古民家に2回目の引っ越し
・ピースが四日間、家の外に出てしまう
・歯周病のケアが始まる

みけちゃんエピソード

引っ越しも2回目とあり、みけちゃんは落ち着いたものだった。みけちゃんを見てピースとパレオもすぐに新居に慣れた。

## 2022年（23～24歳）

・夜鳴きがひどかった時期がある
・トイレが間に合わないため、おむつをするようになる
・三重県獣医師会から、県内最高齢猫として表彰される

みけちゃんエピソード

おむつを着用するようになったが、みけちゃんは最初からイヤがらずにつけてくれた。かあちゃんはとても楽ちんだったという。

## 2023年～（24～25歳）

・松坂城跡で初めてお花見をする
・歯茎の中に膿が溜まったが回復

みけちゃんエピソード

病院へ行く前、お花見の名所・松坂城跡にて家族でお花見。庭以外の場所でお花見して、みけちゃんよりもかあちゃんのテンションが上がっていた。

# なつかしアルバム

Part2

みけちゃんのアルバムは
これからもたくさん増える
予定です

憂いを帯びた眼差しで
何を思う…?

2019 またたびおもちゃに
夢中のみけちゃん

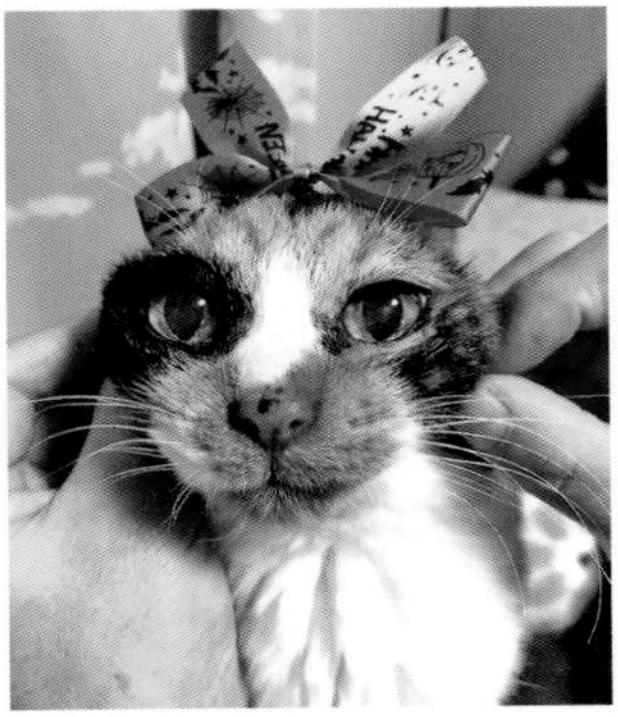

2019 かあちゃんの手で、
みけちゃんおめかし中

2020 かあちゃん作
アマビエと2ショット

2021 咲き誇るバラに映える
袴姿のみけちゃん

2021 冬の早朝の3姉弟。特等席にて

2023 よく晴れた日、お庭を散歩してごきげん

2022 後ろ足がかわいい、
みけちゃんの毛づくろい

特別付録

# みけちゃん 開 運 御守り兼ポチ袋

みんなに
福を届けるにゃわわ

みけちゃんの肉球スタンプをあしらったスペシャルな「ポチ袋」です。ご長寿パワーが込められているので、猫友達や犬友達に手渡したら喜ばれること間違いなし♪ 中に願い事を書いた紙などを入れ、御守りとしても持ち歩けます。

あたしの肉球を
型取りしたにゃわ

〈作り方〉

**1** このページをコピーする（カラーコピーがおすすめ）

**2** 外側の線に沿って、ハサミやカッターで切り取る

**3** 上下と左右の4辺を山折りにする

**4** 右側ののりしろ部分をのりづけし、左右をはり合わせる

**5** 底の裏面をのりづけし、**4**にはる

# おわりに。かあちゃんからごあいさつ

私は元々ＳＮＳが不得手でブログしか書いていませんでした。でも友人知人、読者さんからもＳＮＳを勧められ、ツイッター（現在はX）、フェイスブック、そしてインスタグラムへと続いていきました。

しかしながら日々〝映える〟生活をしているわけではないので、ＳＮＳに上げる写真は、新刊が出れば新刊を、庭の花が咲けば花を、陶芸作品ができてきたら陶芸作品を上げているだけ。

文筆業は絵描きさんのように画材がないから色彩もなし。だからといって書きかけの原稿を出すわけにもいきません。

そこで「かわいい我が子の写真上げとこ」と、軽い気持ちで親ばか丸出しの写真を載せていたら、思いがけず出版社、主婦の友社さんから「みけちゃんと村上家のことをフォトエッセイにしませんか」とメールをいただいたのです。

我が子はかわいいと思っているけど、まさかフォトエッセイなんて考え

たこともなかったから本当にびっくりしました。

それから話がトントンと進み、このような素敵な本になったのはいつもＳＮＳを見てくださっている方、声をかけてくださった主婦の友社編集の森信さん、ライターの伊藤さん、フォトグラファーの奥山さん、ブックデザイナーの横田さん、みなさんのお力添えがあったからこそです！

本当にありがとうございます。

そして本書『25歳のみけちゃん』を手にしてくださった方にも重ねてお礼申し上げます。


今回の話が進み出してから、点と点がつながる不思議なご縁がたくさんありました。

みけちゃんってやっぱり何かをつなげる特殊能力があるんちゃうやろか。

――かあちゃんこと　**村上しいこ**

## 村上しいこ

猫好き児童文学作家。三重県生まれ。『かめきちのおまかせ自由研究』（岩崎書店）で第 37 回日本児童文学者協会新人賞、『れいぞうこのなつやすみ』（PHP研究所）で第 17 回ひろすけ童話賞を受賞。2015 年に『うたうとは小さないのちひろいあげ』（講談社）で第 53 回野間児童文芸賞を受賞、『なりたいわたし』（フレーベル館）で第 70 回産経児童出版文化賞ニッポン放送賞受賞。猫の作品に「ねこ探！」シリーズ（ポプラ社）、『ねこなんていなきゃよかった』（童心社）、「みけねえちゃんにいうてみな」シリーズ（理論社）、『へんしんねこパレオ』（WAVE 出版）、『ピースがうちにやってきた』（さ・え・ら書房）、『ミルフィーユ・ブランのほな、占いまひょ』（佼成出版社）、『ねこ どんなかお』（講談社）、その他の主な作品に「わがままおやすみ」シリーズ（PHP 研究所）、「日曜日」シリーズ（講談社）、『こらしめじぞう』（静山社）、「フルーツふれんず」シリーズ（あかね書房）、『あえてよかった』（小学館）など多数。

Instagram　村上家の長女みけ　@happy_cat222
村上しいこ　@shiiko222
TikTok　村上家の長女みけ　@happy_cat328



STAFF　装丁・本文デザイン　横田洋子
撮影（カバー、本文）　奥山美奈子
編集協力　伊藤英理子
編集担当　森信千夏（主婦の友社）

25歳《さい》のみけちゃん

2024 年 5 月 31 日　第 1 刷発行
2024 年 6 月 20 日　第 2 刷発行

著　者　村上《むらかみ》しいこ
発行者　丹羽良治
発行所　株式会社主婦の友社
〒141-0021　東京都品川区上大崎 3-1-1 目黒セントラルスクエア
電話 03-5280-7537（内容・不良品等のお問い合わせ）
049-259-1236（販売）
印刷所　大日本印刷株式会社





ISBN 978-4-07-456941-0





■本のご注文は、お近くの書店または主婦の友社コールセンター（電話 0120-916-892）まで。
＊お問い合わせ受付時間　月～金（祝日を除く）　10:00 ～ 16:00
＊個人のお客さまからのよくある質問のご案内　https://shufunotomo.co.jp/faq/


※本書の収益の一部は、保護猫活動を行う団体に寄付させていただきます。